2023
暢銷
增訂版

餐桌上的
香料百科

目錄

餐桌上的
香料百科

廚房裡的玩香實驗！從初學到進階
料理・做醬・調香・文化的全食材事典

PART 1
關於香料，你一定要知道的事

香料可用來增香、調色、矯臭、防腐，還有食療效果。本書共分為6個單元，每個單元從國家文化的香料生活起始，並有調香、做醬與經典菜食譜，接著便進入個別香料的介紹與入菜靈感提示。

由於同種香料可能會橫跨不同國別（如：薑黃同時在南洋與印度料理都常用），香料的主文介紹會落在其中一個飲食文化內，但透過常用香料一覽，仍可快速透視該國的香料品項不遺漏。書末以香料名與食材分類的索引，也是可以快速找到所需內容的好幫手。

PART 2
歐美料理的香料日常

PART 2
歐美料理的香料日常

PART 3
南洋料理的香料日常

COLUMN

PART 4
印度料理的香料日常

PART 5
台式料理的香料日常

PART 6
日本料理的香料日常

INDEX

COLUMN

序言

懂得香料，就是懂得味道的靈魂

其實，香料無所不在。在白開水裡加片薄荷葉、炒菜時以蒜頭爆香、番茄比薩上都會有的奧勒岡，吃泰式酸辣海鮮湯時明亮的檸檬香茅，牛肉乾裡的滷八角、蘋果派裡的肉桂、還有日本握壽司的哇沙米……

我們是不是常知道某些香料的存在卻總是不知道該怎麼使用它？它就像另個世界，屬於進階版的料理，只有少數人可以踏進。

但真的是這樣嗎？理解香料，正是理解一個國家對味道的觀點，香料在不同國家，有不同的使用樣態，如果不僅僅把它當成食材，而能把它放在慣常使用的文化脈絡裡，學起來會更有溫度、感覺與記憶。

是的，舌頭是有記憶的。所以我們會記得印度奶茶裡要加小豆蔻，煮香料紅酒時肉桂一定不能少，吃印度或南洋咖哩時常想起薑黃粉、咬一口娘惹糕時，香蘭葉的淡淡芋香彷彿還在嘴邊。

在歐美、印度、東南亞及台灣，香料都有不同的用法，它的世界深邃豐富，懂得香料，或許不會讓我們馬上變身大廚，卻可以是讓料理變得「不一樣」的關鍵，提昇品味時的美味與感動。

記得有位朋友曾在甜點裡放了一朵金蓮花葉，咬到時淡淡的芥末味，讓在場所有人驚呼，直說這道菜好厲害。本書的台式香料顧問郭泰王，僅用甘草、香菜、白胡椒煮出甘草水，用來蒸蛋就好讓人欣喜。

懂得香料，就是懂得味道的靈魂。用天然的方式調味，嘗試跟香料做朋友，你手上的祕密武器就會越來越多，美味與幸福的餐桌，就在指間。

PART 1

關於香料，你一定要知道的事

五千年前，埃及人就懂得用孜然、肉桂、丁香等香料製成木乃伊防腐；在古羅馬和中世紀時，香料已是歐洲王宮貴族的愛用調味，且價格高昂，屬於身分地位的象徵；一二九八年馬可波羅口述了他在東方世界看到的香料與黃金，掀起了航海時代的冒險；一五二二年麥哲倫航行到菲律賓的香料群島（摩鹿加群島），帶回一箱又一箱的戰利品，開啟了歐洲各國在香料貿易上的競奪。

小小一顆種子，究竟有什麼神奇魅力？從身分地位的象徵、對東方的綺麗想像、競爭的籌碼目標、進展到每一國的飲食文化裡。當我們喝著玉米濃湯，撒下黑胡椒時，都正參與了這場香料生活化的過程。

如今，香料已不再是對遠方氣味的想像，也不是身分地位的象徵，相反地，它成為了各國飲食生活裡的重要一員，也是一位料理者能否進階廚藝的重要指標，能想像一位厲害的廚師或媽媽，不懂得如何使用八角、迷迭香或羅勒嗎？

面對著這些只要加上一點就可以讓味道完全不同的調味們，準備好了嗎？請跟著我們一起認識他。

香草的定義較香料廣泛，指的是對人類有幫助的花草，不一定都可食用，有些僅具觀賞、芳療用途。

香料可增加菜餚的香氣、味道或調色。

香料：可食用的調味料
香草：對人類生活有幫助的花草

香料可分為「辛香料」和「芳香料」，辛香料氣味辛辣濃郁，如：黑胡椒、花椒、八角、紅蔥頭等；芳香料指的則是我們常說的香草植物（herb），如薰衣草、迷迭香、巴西利、薄荷等。

香料為「可以食用，增加料理香氣、味道或染色的調味品。」有些香料如胡椒、辣椒、芥末甚至還會增加料理的辣度；薑黃、番紅花、甜椒粉則有很好的染色效果。且因香料屬於植物，常具備療效，像薑黃可抗氧化；月桂葉能消除疲勞、刺激食慾、薰衣草則能放鬆心靈，鎮定神經等。

不像香料一定得具備「可食用」特質，香草指的是：「凡對人類生活有幫助的花草」，有些可食用，有些僅具觀賞或芳療用途。相對於香料，香草的定義更廣泛，本書則以可食用，且日常烹調常用的香料為主，新鮮乾燥皆有，且使用範圍從根、莖、花、葉、種子到樹皮，如果仔細區辨，會發現同一株植物，不同部位的味道不同（如薰衣草「花」的味道濃郁適合泡茶，薰衣草「葉」的味道較淡，去腥效果好），更遑論新鮮和乾燥、顆粒和粉狀的味道也相異了。

使用香料其實是一場料理實驗，單方、複方，新鮮、乾燥，和不同食材的搭配都會有很不一樣的效果，建議放手去玩，嚐嚐每一種香料的味道，小份量的加，感受用香料料理的實驗精神以及豐厚滋味，只要多試幾次，一定會逐步抓到使用訣竅的！

讓香氣充分釋放的方法

香料有新鮮、乾燥的樣態，其中乾燥的又可分為葉狀、粉狀、顆粒狀、條狀、塊莖等，但可不是把它們丟進菜餚裡就可以乖乖的散發出香氣，快來看看有什麼幫助香氣釋放的小技巧！

直接撒在菜餚上的顆粒狀香料：胡椒等

使用時現磨的香氣最佳，如沒有研磨器，也可以用手指或重物敲碎，破壞其形狀。或是直接用磨好的胡椒粉，但氣味就是沒有現磨的香。

籽狀香料：小豆蔻、茴香籽、芫荽籽、小茴香等

做咖哩的話，一定要先用油以中小火爆香，炒到香料略微膨脹，聽到劈啪聲後，再以原鍋進行後續步驟。若不是做咖哩，則可用乾鍋炒（或烤箱烤），炒（烤）到香味逸出即可。

番紅花：以水浸泡

番紅花的使用較特別，必須先以水浸泡後，香氣與顏色才會釋出。因此料理前須以水浸泡10-15分鐘後，水會變得有點微黃，再將番紅花與水一同放入菜餚裡烹煮即可（番紅花可食，不用特別過濾掉）。

條狀香料：香茅、肉桂、桂皮等

新鮮的條狀香料如香茅，可用刀背或石臼拍打敲搥4-5下，讓香氣釋放；乾燥的條狀香料如肉桂、桂皮，可直接敲小塊，再放入和食材一起燉煮，讓香氣逐漸釋放。

新鮮香料：薄荷、金蓮花、蒲公英、茴香等

如果沒有要考慮整片葉子的美觀，切碎可幫助香氣完整釋放。

大片乾葉子：月桂葉、咖哩葉、檸檬葉等

以乾鍋烘過或放到烤箱微烤，待香氣逸出後再放入和食材燉煮。若嫌麻煩，也可以撕成小片，讓香氣更容易釋出。

香料的使用概念

別被食譜綁架：就算是同一種香料，因為生產環境條件、品種差異、乾燥或新鮮、處理方式不同，都會造成味覺上的差異，使用之前，先嚐嚐手邊的香料，將有助於你評估該如何使用它，隨時保持彈性與自己的喜好稍加調整，可千萬別被食譜綁架了。一開始應用香料，別貪心求多、太過豪邁，由於異國香料與台灣口味不太相同，循序漸進的加入，會比一次到位更接近完美結果！

除了單方外，進階的烹調者一定會想試試複方的調香，圖為印度的Garam masala。（配方可參考P272）

綜合還是單一？市售香料大致可分為綜合與單一香料兩類，綜合香料（咖哩粉、五香粉、法國四香粉等）對於初學者來說相當方便好用，義大利綜合香草、普羅旺斯綜合香草（第56頁）隨意加入橄欖油、鹽、胡椒塗抹於雞腿上送入烤箱，或添

加於馬鈴薯、奶油餅乾中，都相當討喜；但固定配方長時間下來，不免感到乏味。身為進階烹飪者，可以開始使用更多單一口味的香料，自行調配或區分，鍛鍊味覺分別更細緻化。

香料分類：香料有濃有淡，使用濃度高的香料如迷迭香時不要放太多，以免蓋過其他香料的風味。進一步了解不同香料的屬性，也有助於隨興搭配，例如蒔蘿、茴香、酸豆特別適合搭配海鮮，迷迭香、小茴香特別適合肉類，而奶類製品或濃湯加入鼠尾草或肉豆蔻後味道總是特別好等，你也可以成為香料大師。

保存方式：新鮮香料沒有乾燥香料容易保存，最好於使用前購買，並盡快食用完畢，若無法馬上用完，仍保有根莖的，可像插花般置於容器中冷藏，每天換水，約可保存2-3天。若以莖葉為主，可放置於乾淨保鮮盒中，香草上下都用微濕的廚房紙巾鋪蓋，大約能保存超過一星期！

缽與杵的妙用：乾燥香料像胡椒一樣，只要磨成粉，香氣就容易流失殆盡，購買時建議選擇顆粒完整的，家裡常備一個小石臼，使用前用鍋子或烤箱乾烘一下，現磨現用香味更好。

建議購買的香料小工具：買一個小石臼吧！

坊間有販賣如翹翹板的香料彎刀和香料剪刀，目的都是要將香料切碎，幫助香氣釋出，不過其實用菜刀切、手撕即是好方法，真要買什麼小工具的話，不如就買個小石臼吧！從黑胡椒、芫荽籽到丁香、小豆蔻都可磨，如果想要自己做印度咖哩調香，從原粒開始磨成粉，香氣與趣味都加倍。

香料保存妙方

乾燥香料最怕濕氣和紫外線，可連同乾燥劑一起放入具遮光性的罐子內，且除了香草莢與新鮮香草外，香料千萬不要放冰箱，因拿進拿出的溫度變化反而會產生濕氣，讓香料變質，尤其粉狀香料，密封後放在乾燥且陽光不直射的地方即可。

香料香草哪裡買

想嘗試新鮮或乾品的香料、香草，現今有眾多商家、超市皆可尋得，以下提供選購參考。

印度香料這裡買

Trinity Indian Store印度食品和香料專賣店

印度香料及食材專賣店，想一嚐印度風味的不二選擇。

台北市大安區仁愛路三段143巷23號6F

02-2771-8382（仁愛店）

台北市士林區中山北路五段535號

02-2888-1200（士林店）

台北市信義區忠孝東路五段71巷35號

02-2756-7992（市府店）

http://www.indianstore.com.tw/

咖哩香料坊

印度、中東、泰式、日式…各種咖哩，都能在這裡找到組成它的香料。

http://www.curry-spices.com.tw/p2.htm

香料櫥櫃

專賣各式咖哩粉及印度進口辛香料。

https://www.ruten.com.tw/store/ariel2714/

各地中藥行

豆蔻、肉桂、丁香……各種乾燥磨粉的印度風香料，其實也是中藥材喔。

東南亞香料這裡買

各地東南亞商店

如：EEC MALL、Big King

EEC MALL：http://www.eec-elite.com

Big King：http://www.bigkingcity.com.tw/store.html

各地市場的東南亞食品攤

如：台北木新市場、桃園忠貞市場。

各地東南亞商街

・中和華新街

著名的滇緬街，東南亞、印度香料都可以在這裡找到，傳統市場裡還能買到新鮮的香氣植物。

・新莊化成路周邊

以泰國為主的東南亞超商及餐廳聚集在這裡，來逛逛吧。

・桃園市後站／中壢火車站

充滿東南亞風情的兩大商區，2015年於桃園後站舉辦了第一屆「東南亞社區藝術季」。

・台北車站「印尼街」

從車站東口往北平西路的方向，想品嚐印尼料理及食材的朋友請往這裡走。

・台中「東協廣場」

靠近台中火車站的台中小東南亞，越南河粉、印尼沙嗲、泰式沙拉、香料食材，應有盡有。

異國新鮮香辛料農場

全國第一家專營新鮮東南亞辛香料的農場。

https://shopee.tw/aval3388

蘋果市集

專門進口並經營越南及泰國等東南亞香料產品。

https://thaifood.waca.ec/

綜合香料這裡買

City'Super

多位在百貨公司的生活超市，可找到各種新鮮與乾燥香料及自有香料品牌，也有機會買到新鮮山葵。

http://www.citysuper.com.tw/

Jasons Market Place

以進口食材為主的生鮮超市，內有多種國外進口的香草香料。

http://www.jasons.com.tw/

東遠國際 P&P FOOD

完整的專業歐洲食材進口公司，從新鮮香料到特殊異國香料，一應俱全。

台北市中正區金門街9之14號2樓

02-2365-0633

http://www.pnpfood.com/

主廚的秘密食材庫 Good Food You Gourmet Shop

https://www.goodfoodyou.tw/

女巫藥草園

提供各種單品及複合香料，並有課程推廣藥草知識，可到店或線上訂購。

永和頂溪門市：

新北市永和區保福路2段88巷19號1F

0952-610-191 / 02-2232-5427

http://www.the-witches-herb-garden.com.tw/

La Marche圓頂市集

不只提供東西方的不同香料及料理組合，也提供多樣的飲食資訊。

http://www.lamarche.com.tw/

邦古德洋行

講究新鮮進口的各國經典食材，並可代客尋找特殊產品。

http://www.bongood.com.tw

歐洲菜籃子

講究香料的產地及處理方式，提供高品質的異國香料。

http://class.ruten.com.tw/user/index00.php?s=euflavor

歐陸食材小舖 The EU Pantry

提供歐陸香草、生菜、食用花、起士等豐富食材，西式料理所需器具也一應俱全。

高雄市鼓山區美術南二路131號

07-554-6820

https://www.theeupantry.com/

台南德霖蔬果

專營歐式、日式蔬果、生菜、香草、肉品、乳酪等，品項豐富的食材選物店。

台南市中西區友愛街115巷5-2號

https://www.facebook.com/derlinfreshvg/

味旅 Spices Journey

提供各種天然、無添加的香辛料產品，單品、複方種類豐富。

https://spicesjourney.com/

台式香料這裡買

瑞穗生活購物網

刺蔥、馬告、雞心辣椒等台灣原住民傳統香料，是這片土地上的香氣智慧。

http://www.pcstore.com.tw/ok0305/

各地中藥行

肉桂、丁香、八角、甘草等各種台式料理常用香料，在中藥行就買得到。

台北「迪化街」與週邊

向來就是南北乾貨及中藥材的大本營，各式香料也不難找到。

位置：台北市民權西路與迪化街交叉口起，至南京西路與迪化街交叉口止。

台灣及進口常見香料品牌

飛馬香料

從中藥行起家的百年老招牌，餐廳界的愛用品牌。

http://www.fmspices.com/

小磨坊

超市最常看見的台灣香料品牌，從台式到異國香料，已有兩百多種產品。

http://www.tomax.com.tw/

McCORMICK味好美

全球最大的美國香料公司。從黑胡椒的進出口開始，超過百年的品牌歷史，如今藍紅兩色的Mc標誌已深入了全球各個家庭與餐廳。

http://www.mccormick.com/

Carmencita卡門香料

1920年成立的西班牙香料品牌，從番紅花的貿易起家，目前為世界知名的香料品牌。

http://carmencita.com/

The Spice Hunter香料獵人

成立於1980年的美國香料品牌，以完全天然為主要訴求。有機香料系列，通過美國USDA有機認證，是台灣最常見的有機香料品牌。

https://www.spicehunter.com/

佳輝香料

台灣香料品牌，提供單一及調和配方的中西香辛料。

http://www.books.com.tw/web/sys_brand/0/0000001647

新鮮香料（香草）這裡買

各地花市

攤位多樣，是找香料香草的好地方，種類豐富且價格實惠。例如：

・建國假日花市

信義路與仁愛路間建國高架橋下橋段

（週六、日：早上9：00到下午6：30）

・台北花卉村（社子花市）

台北市延平北路7段18-2號（洲美高架旁）

晉福田有機香料農莊

講究有機與自然農法的有機香藥草園。

台中市東勢區東坑路795巷2號（往大雪山近5K處）

0924-009-186

https://organic-tea.acsite.org/

芃君草本商行

新鮮香草盆栽販售，也提供多種乾燥香料選擇。

台中市西區柳川東路二段61號

http://www.herblovertw.com/life/food/Culinary.htm

花寶愛花園

可線上訂購香草盆栽，並有達人提供栽種的資訊及指導。

台中市西區柳川東路二段61號

04-2378-6556

https://shop.igarden.com.tw/

香草騎士

位於南投埔里，致力「香莢蘭」種植，生產高品質香草莢。

南投縣埔里站中山路一段241-2號

049-299-2276

https://vanillaknight.com/

常見的通用香料

胡椒
Pepper

Piper nigrum

料理　烘焙　驅蟲　藥用

別名：古月、黑川、白川、浮椒、味履支、玉椒

產地：原產主要來源是印度，也有泰國南部、馬來西亞

利用部位：果實

全世界最常見的調味香料，更是餐桌上的黑色黃金

早期在印度黑胡椒是草藥的一種，用於治療腹痛、胃病、風寒等，後來才成為歷史悠久的東方香料，胡椒因採收處理方式和品種不同，常見有黑胡椒、白胡椒、綠胡椒、紅胡椒四種，具刺激且強烈的辛辣味，性溫散寒，是世界各地最廣泛使用的辛香料，在調味和醫學上都有著重要地位。

胡椒的辣味主要來自胡椒鹼，在皮、種子中同時存在，研磨愈細愈能發揮，四種胡椒的香氣辣度各有差異，份量拿捏恰當，料理就有畫龍點睛的效果，烹調時間不宜過長，以免香氣流失。

← **紅胡椒 Pink Pepper**
常見鮮豔的紅胡椒粒（或稱粉紅胡椒），多為漆樹科巴西胡椒木的果實，有獨特香氣與酸味，胡椒味淡，配色漂亮；而真正胡椒科的紅胡椒，乾燥後色澤呈暗紅，因製程不易，市面上量少也不常用於料理。

↑ **白胡椒 White Pepper**
為成熟的紅色胡椒果實去除外皮後，取裡面的種子充份乾燥處理而成，口味香辣，但較黑胡椒溫和，適合運用在海鮮、白肉料理或淺色醬汁上。

胡椒有防腐、抑菌效果，可消炎、解毒，且溫熱的胡椒可以驅寒，對因受涼導致的感冒或胃寒引起的下痢腹瀉有療效，亦可促食慾助消化。

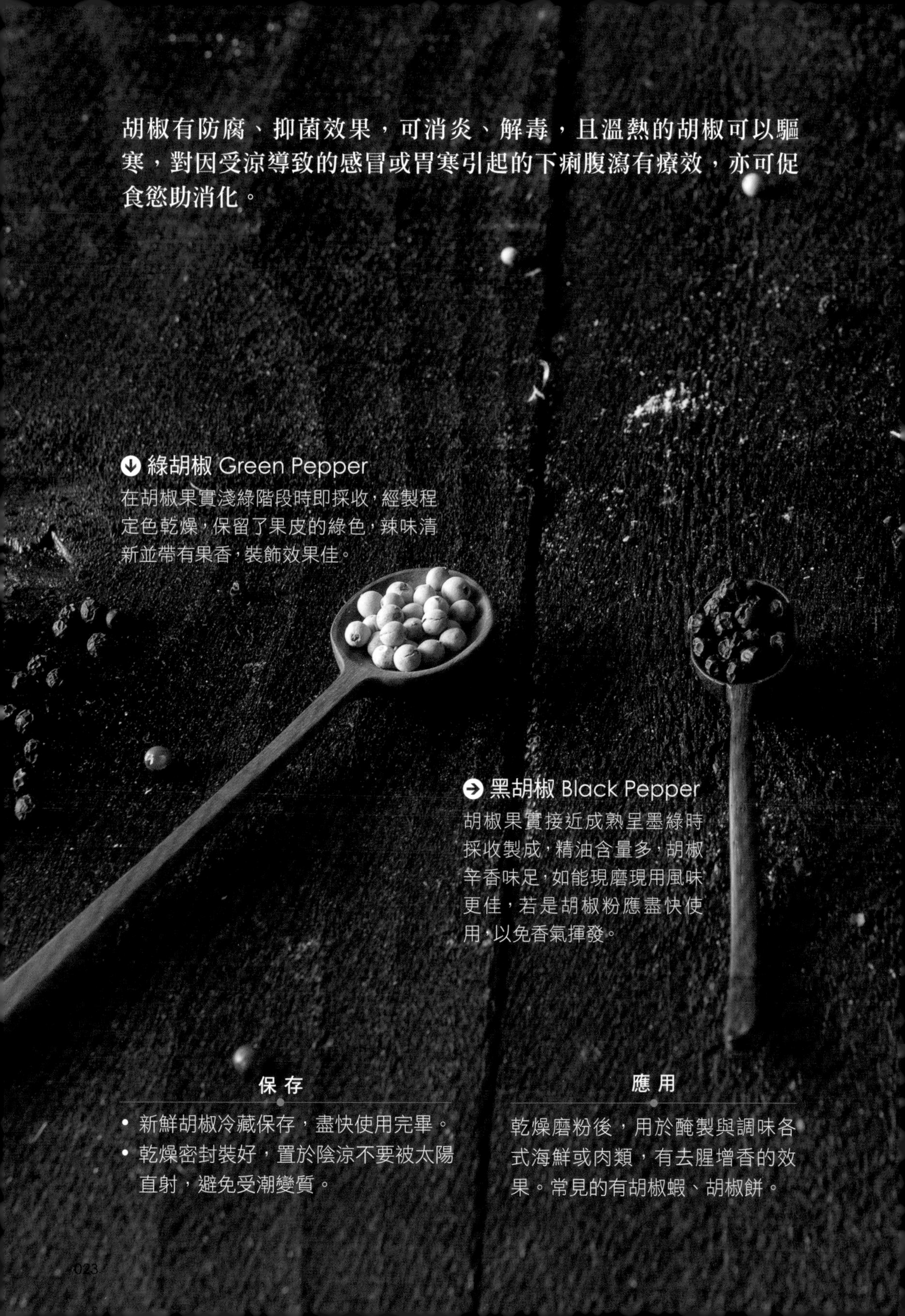

綠胡椒 Green Pepper

在胡椒果實淺綠階段時即採收，經製程定色乾燥，保留了果皮的綠色，辣味清新並帶有果香，裝飾效果佳。

黑胡椒 Black Pepper

胡椒果實接近成熟呈墨綠時採收製成，精油含量多，胡椒辛香味足，如能現磨現用風味更佳，若是胡椒粉應盡快使用，以免香氣揮發。

保存

- 新鮮胡椒冷藏保存，盡快使用完畢。
- 乾燥密封裝好，置於陰涼不要被太陽直射，避免受潮變質。

應用

乾燥磨粉後，用於醃製與調味各式海鮮或肉類，有去腥增香的效果。常見的有胡椒蝦、胡椒餅。

以香辣黑胡椒替生蠔提味增香，再加入特調香辣醬，不只殺菌，更引出鮮甜滋味。

通用香料

墨西哥香辣鮮蠔盅

香料 黑胡椒粉3公克、辣椒水（Tabasco）10毫升、梅林辣醬油15毫升

材料 番茄汁120毫升、檸檬汁20毫升、義大利陳年醋15毫升、生蠔80公克、伏特加10毫升、鹽適量

作法

1 先把生蠔以滾水燙熟後，撈起泡冰水後再濾乾水分。

2 把香料與生蠔除外的所有材料全部混合均勻即成香辣醬汁。

3 將燙過的生蠔放入盅內並淋上香辣醬汁即可。

point/

生蠔可用一般的牡蠣取代，小一點，卻同樣美味。

為了讓海鮮與香料完全入味，除了以「粒狀」白胡椒去腥提味外，還多加了「粉狀」的白胡椒與青蟹緊密結合，以增加香度和辣度，讓偏寒的螃蟹吃來很暖胃。

通用香料

新加坡奶油白胡椒蟹

香料　白胡椒粉20公克、白胡椒粒5公克、紅蔥頭10公克、薑15公克、大蒜15公克

材料　青蟹2隻、洋蔥80公克、水200毫升、奶油20公克、黃酒20毫升、鹽適量

作法

1 青蟹洗淨切八塊，紅蔥頭、洋蔥、薑、大蒜都切成片狀。

2 起鍋放入奶油先炒紅蔥頭、大蒜、薑、洋蔥，炒香後放入白胡椒粉和白胡椒粒炒香。

3 再放入青蟹塊拌炒至殼呈紅色，放入黃酒、鹽、水加蓋燜約5分鐘即可。

point

如果覺得處理青蟹很麻煩，以鮮蝦160公克取代也好味。

Chilli

辣椒

Capsicum annuum

嗆辣的紅色辛香料，暖身促循環的減肥聖品

料理　驅蟲　藥用　染色

別名：唐辛子、番椒、海椒、辣子、辣角、秦椒

產地：原產於南美洲熱帶地區，以墨西哥為主

利用部位：果實

辣椒性熱味辛，可驅寒、殺菌，促進血液循環，幫助能量消耗；所含的辣椒素具有抗炎及抗氧化作用，亦含豐富維他命C，適量攝取可抗老、減肥、治感冒等。

辣椒屬茄科植物，果實呈長條筆形或燈籠狀，未成熟時為綠色，成熟時呈紅色，約可分為二大類，一類是為料理增香添辣的辣味辣椒，依品種有不同等級的辣度，最辣的應屬印度魔鬼椒；另一種是有甜味的菜椒，也就是常見的彩色甜椒。

辣椒切開即有著刺鼻香氣，因含有辣椒素而產生辣味，含豐富β-胡蘿蔔素、葉酸、鎂及鉀，尤其維生素C更是蔬菜之冠。食用要適量，過多會刺激腸胃，導致發炎。

應用

- 新鮮辣椒可生吃、炒炸、切碎調醬汁，或醃製後入菜，亦可油泡製成辣椒油。
- 乾燥辣椒香氣更濃郁，可切段或磨粉入菜料理。
- 萃取辣椒素加工製成減肥食品、溫熱貼布或防狼噴霧器等。

保存

- 新鮮辣椒冷凍保存，約1個月，料理時不需解凍，可直接入菜。
- 乾燥辣椒密封裝好，置於陰涼處，避免受潮變質。

適合搭配成複方的香料

紅辣椒乾燥磨粉後，混合孜然、奧勒岡、大蒜、甜椒等辛香料搭配成墨西哥辣粉。

辣椒好朋友

朝天椒 Hot Pepper

紅色果實外型細小，皮薄激辣，可入菜或醃漬做醬佐食，日本地獄拉麵就是以此辣椒搭配製作湯底。

青辣椒 Green chilli

辣椒尚未成熟時即先採收，依品種不同而有不同的辣度，並非完全不辣，剝皮辣椒就是以此製作加工。

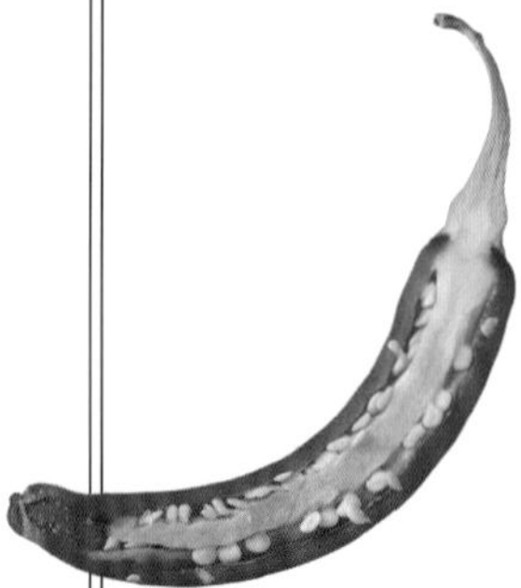

辣椒果實中空，胎座及種子含有辛辣成分，果皮辛辣味較少。如果只想入菜配色，又不嗜辣者，可去除胎座及籽，起鍋前再下就能大量減少辣味。

墨西哥辣椒 Jalapeno

原產於祕魯及墨西哥，一開始是綠色，後期由綠轉紅，甜度逐漸提高，辣度降低。在拉丁美洲料理被廣泛使用，可做著名的墨西哥辣椒鑲肉或搭配pizza使用。

卡宴辣椒 Cayenne

全世界被稱為卡宴辣椒的品種約有90種，因16世紀時約5-6公分大的辣椒被流傳到全世界，那時被稱為Cayenne，所以它不是一個品種，而是泛指紅色的辣椒，目前台灣的卡宴辣椒最常以辣椒粉的形式應用於料理，相當耐熱，即使久煮也不會影響風味。

喀什米爾紅辣椒粉 Kashmari red chilli power

印度料理常用的辣椒粉，味道不辣，主要是幫助上色，也協助在醃製時讓雞肉的水分收乾，做坦都里烤雞時，就很適合以此辣椒粉協助上色。

紅椒粉 Paprika

有西班牙紅椒粉跟匈牙利紅椒粉兩種，都是微辣帶甜。西班牙紅椒粉的風味較淡，部份為煙燻乾燥，帶有煙燻味；匈牙利紅椒粉味道濃郁且以日曬為主，沒有煙燻味，可以和肉一起醃製或撒在蔬菜上進烤箱，是非常好用且普及的辛香料，同時可以增色調味。

哈瓦那辣椒 Habanero

有驚人的辣度卻同時擁有獨特的水果芳香，一般都是曬乾使用或加工製成辣椒粉、辣油、辣醬、辣椒露。

乾辣椒 Dried chilli

紅色辣椒乾燥後製成，顏色較暗、香氣濃、辣味低，因含水量極低，適合長期保存，著名川菜宮保雞丁就是以此入菜。

鷹爪辣椒 Cone pepper

因外型有一鉤起形狀，如鷹爪般而得名。帶有麻辣味，可切碎做成醬汁，不少日本拉麵店湯頭也都有加鷹爪辣椒。

糯米椒 Sweet chilli

外型凹凸不平，沒什麼辣味，卻有種特殊的辛香，可像青椒那樣與肉絲、豆干等食材一起拌炒或是單炒、做成烤蔬菜。

厚實的牛肉以辛辣調味，搭配酸甜番茄及迷迭香，讓肉醬香氣層次升級。

通用香料

西班牙番茄辣味肉醬麵

香料　卡宴辣椒粉5公克、紅椒粉3公克、新鮮迷迭香1公克（或乾燥迷迭香0.5公克）、白胡椒粉適量

材料　牛絞肉200公克、洋蔥80公克、大蒜10公克、罐頭番茄碎150公克、橄欖油50毫升、義大利麵適量、鹽適量

作法

1 煮一鍋滾水，放入義大利麵煮熟後撈起，備用（煮麵水留著）。

2 洋蔥、大蒜、新鮮迷迭香，切碎。

3 起鍋，放入橄欖油並加入洋蔥，炒到洋蔥呈金黃後，放入大蒜和迷迭香碎拌勻。

4 加入牛絞肉、卡宴辣椒粉、紅椒粉拌炒，再加入番茄、鹽、白胡椒粉、80毫升煮麵水，煮約25分鐘，淋在作法1的義大利麵上，拌勻食用。

point/

若不吃牛肉，可用豬絞肉替換。

糯米椒有甜味，略帶辣味，整支都可烹調，煎、燒烤、快炒、油炸都很適合。

通用香料

糯米椒鮪魚開胃小品

香料 大蒜2公克、紅椒粉0.2公克、研磨黑胡椒粉0.2公克

材料 糯米椒4支、新鮮鮪魚120公克、法國長棍麵包1.5公分厚4片、水耕萵苣2公克、橄欖油80毫升

調味料 鹽適量

作法

1. 新鮮鮪魚切成每片30公克，撒鹽、紅椒粉、黑胡椒粉。
2. 法國長棍麵包片以大蒜塗抹，準備平底鍋，以中火烙麵包片至大蒜味出來即可拿起。
3. 另準備平底鍋，加熱後倒入橄欖油，放入糯米椒煎上色後取出。原鍋繼續加熱，放入鮪魚煎至兩面上色。
4. 烙過的法國麵包片上疊放煎香的糯米椒、鮪魚片，再以水耕萵苣裝飾。

point/

糯米椒辣味少，嗜辣者可將糯米椒換成辣味更重的青辣椒或墨西哥辣椒（切半、去籽，一片麵包搭配半條辣椒即可）。

芥末 Mustard

Sinapis alba

溫和的刺鼻香味，讓人瞬間胃口大開

料理　精油　藥用

別名：芥子末、芥辣粉

產地：白芥末原產自歐洲南部及亞洲西部等；褐芥末原產於印度

利用部份：葉子、種子

芥末屬十字花科植物，因帶有辛辣香味，很早就被用來作為食品調味，至今仍出現在許多地區的料理傳統中。芥末籽在乾燥時並沒有明顯的氣味，但與水混合後即產生強烈刺鼻的辛辣味。

芥末籽即為芥菜的種籽，大約兩千年前，古羅馬人開始將芥末種籽磨成泥，與酒混合製成醬料，後來演化成我們今日使用的各種芥末醬。

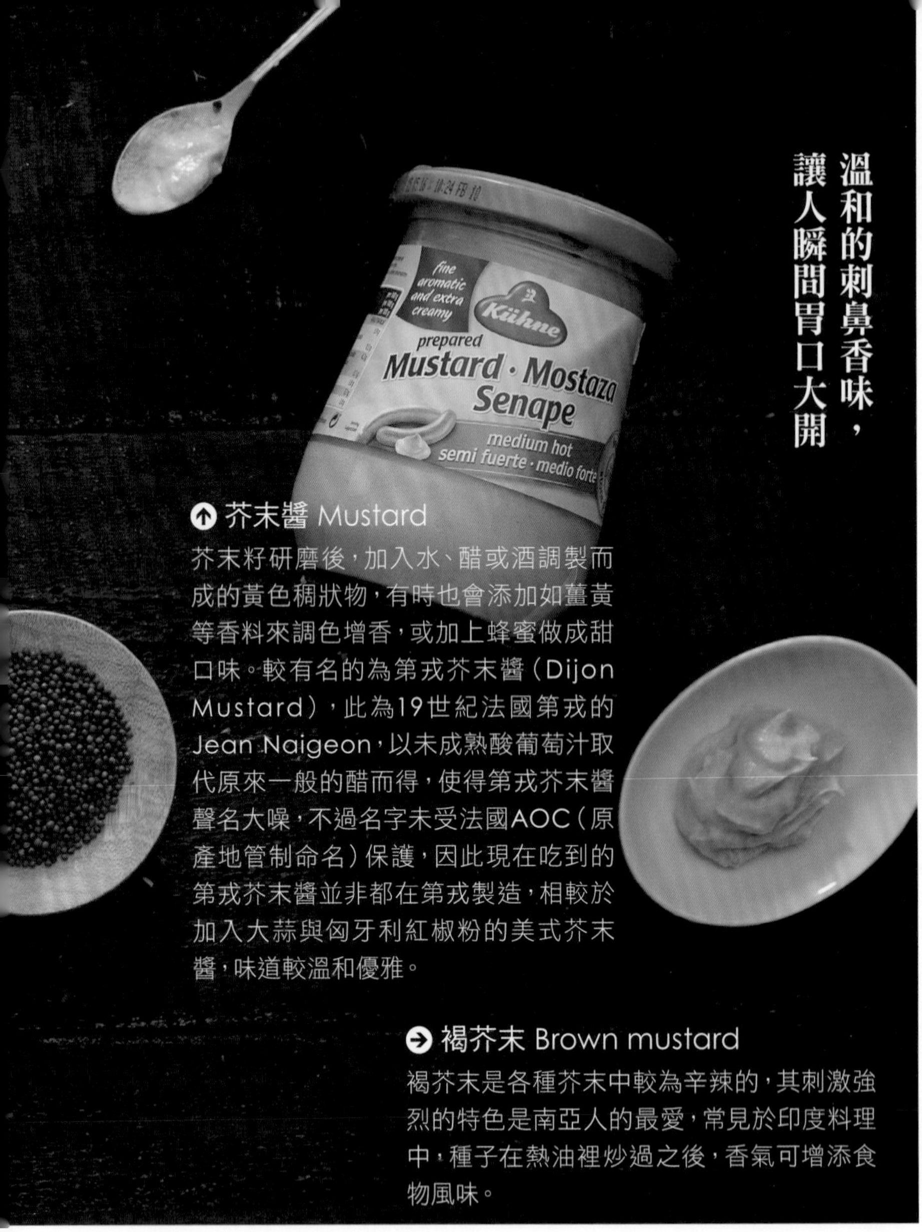

↑ 芥末醬 Mustard

芥末籽研磨後，加入水、醋或酒調製而成的黃色稠狀物，有時也會添加如薑黃等香料來調色增香，或加上蜂蜜做成甜口味。較有名的為第戎芥末醬（Dijon Mustard），此為19世紀法國第戎的Jean Naigeon，以未成熟酸葡萄汁取代原來一般的醋而得，使得第戎芥末醬聲名大噪，不過名字未受法國AOC（原產地管制命名）保護，因此現在吃到的第戎芥末醬並非都在第戎製造，相較於加入大蒜與匈牙利紅椒粉的美式芥末醬，味道較溫和優雅。

→ 褐芥末 Brown mustard

褐芥末是各種芥末中較為辛辣的，其刺激強烈的特色是南亞人的最愛，常見於印度料理中，種子在熱油裡炒過之後，香氣可增添食物風味。

芥末具有辛辣的刺激性，可作為讓呼吸暢通的良方。而古羅馬人受傷時會拿來外敷止痛藥。

↑ 芥末粉Mustard powder

芥末籽加入水、糖、鹽巴、麵粉、薑黃等製成的粉末，可用來當肉類的醃料或撒在沙拉上調味，也可以直接加水或混合美乃滋、醋做成芥末醬。

↑ 白/黃芥末 White mustard

芥末植物品種繁多，其中常見的白芥末也稱為黃芥末，辛辣度比褐芥末溫和。白芥末籽適合製成醃漬品，葉子和花也可入菜。

→ 黑芥末 Black mustard

味道濃烈嗆鼻，因產量不多，常以褐芥末取代，印度料理常用。

保存

- 將芥末籽放置於密封玻璃瓶中冷藏儲存，在未冷藏情況下儲放久了味道會開始變苦。
- 將芥末籽浸泡在酒或醋裡，味道可以更持久。
- 適合搭配成複方的香料：白芥末粉加入辣椒、薑黃、大蒜、醋等，即可製成美式風味芥末醬。

應用

- 芥末籽主要用來醃製或與蔬菜一起烹調。磨成芥末粉後可以用於調味，或與鹽、醋及其他香料調製成芥末醬。
- 印度料理，常以芥末籽過油爆香或磨成粉做成咖哩。

第戎芥末醬除了適合拌進沙拉、搭配烤肉，在這道菜中則扮演了去腥、提香的功能。

通用香料

法式芥末炸鮮魚

香料 第戎芥末醬15公克、黑胡椒粉適量

材料 鯛魚片160公克、中筋麵粉125公克、雞蛋1顆、啤酒125毫升、蛋白2顆、無鹽奶油（融化）50毫升、葵花油600毫升、檸檬1顆

調味料 鹽適量

作法

1. 鯛魚片切條醃鹽、黑胡椒粉、第戎芥末醬。
2. 中筋麵粉加鹽、雞蛋拌勻，倒入啤酒攪拌均勻。
3. 蛋白打發，拌入2裡慢慢攪拌，讓蛋白和麵粉糊全部混合，再加入融化的無鹽奶油攪拌，即為炸衣麵糊。
4. 準備一只鍋，倒入葵花油，以中火加熱至攝氏160度。
5. 醃好的鯛魚條均勻沾上麵糊，放入炸油裡炸至兩面呈金黃色。搭配檸檬享用。

point/

買不到第戎芥末醬也可選用美式芥末醬，酸香風味會比較強烈。

通用香料

英式芥末烤鮭魚

英式芥末粉帶有刺激性的辛辣味，微酸而有獨特氣味，適合搭配味道比較重的魚料理。

香料 英式芥末粉20公克、研磨黑胡椒粉2公克

材料 鮭魚菲力180公克、水10毫升、橄欖油15毫升

調味料 紅糖粉10公克、醬油15毫升、蜂蜜10公克、鹽2公克

作法

1. 先將英式芥末粉、紅糖粉混合在一起，加水、醬油調均勻，再放入蜂蜜攪拌成塗醬。
2. 鮭魚菲力撒上鹽和研磨黑胡椒備用。
3. 起一鍋放入橄欖油，以中火將鮭魚菲力表面煎上色。
4. 將塗醬塗在鮭魚表面，放入烤箱以180度烤6分鐘。

point/

英式芥末粉也可用白酒醋（取代原配方中的水10毫升＋醬油15毫升）先拌開，讓芥末的氣味能更濃郁。

Colman's
OF NORWICH

PART 2

歐美料理的香料日常

薰衣草適合搭羊肉、迷迭香可以煮巧克力、番紅花是西班牙海鮮鍋飯裡優雅香氣的來源，紅椒粉則可以為料理增加漂亮的色澤……

歐洲人使用香料講求平衡搭配的美感

文／涂郁

中世紀時，香料是歐洲貴族餐桌上的奢侈品

十六世紀起，葡萄牙、西班牙、荷蘭、英國港口邊，一艘艘從遠洋歸來的大船正卸著貨，一桶桶沉重的木箱被運出，裡面裝的，不是黃金，就是香料……。

香料在歐洲歷史與對外貿易上，一直佔有重要的歷史性意義。中世紀時期，胡椒、肉桂、豆蔻、番紅花、香草等，來自神祕東方的珍稀香料們已擁有如黃金般貴重的價值，香料不只開化了歐洲人的餐桌，也開啟了大航海的時代。這些瀰漫東方色彩的香料紛紛佔據貴族與皇室們的餐桌，成為奢侈品的代名詞，當時的宴會料理，若沒有使用大量香料調味，可不敢自稱是高級料理呢！正因貴族們對於香料的迷思，歐洲曾有段時期高級料理流行著濃厚、香料氣味重的口味，一直到新式料理（Nouvelle cuisine）出現為止。歐洲人的香料使用習慣隨殖民帶到美洲，而運輸的發達，也使得香料價格逐漸下降，除了少數仍然是香料界貴族的番紅花、法國埃斯普萊特辣椒（espelette pepper）等外，大多都是所有人消費得起的了。

香料不只開化了歐洲人的餐桌，也開啟了大航海時代。

交通的便利，使香料價格逐漸下降，不過番紅花仍是香料界的貴族。

espelette pepper
法國埃斯普萊特辣椒

法國Basque區著名的紅辣椒，也是法國唯一獲得AOC認證的辣椒，採收後需綁於繩子上日曬2-3個月後，放進烤箱烘烤再研磨成粉末，香氣濃郁，但辣度溫和，當地人幾乎吃什麼都會加上一點，甚至泡熱巧克力也是。Basque小鎮因espelette pepper聲名大噪，不少房子也以吊辣椒做為裝飾，很有風情。

若有似無，讓人猜不透的平衡搭配

起始於醫學、宗教的香草與香料，也很常使用於其他用途，盛產香草著名的普羅旺斯地區香氛包、馬賽皂與保養品都是全世界觀光客風靡的紀念品。逛歐洲各城鎮市集，總能看到蔬菜攤兼賣著香草，或香料攤子上幾十種說不出名字的香料，以及香料醃漬物。當然，歐美各國都有他們習慣使用的香料，法國重視百里香、月桂葉、龍蒿、馬郁蘭、巴西利、埃斯普萊特辣椒、杜松子；義大利多用羅勒、鼠尾草；北歐喜愛蒔蘿；西班牙愛用當地產的番紅花、紅椒粉、大蒜；墨西哥則熱愛辣椒、奧勒岡、香菜等。

不同文化背景對於香料的認知是有差異的，西方人普遍對於香料氣味的感受，比起東方人來說溫潤保守，辣不會太辣、酸不會太酸，有別於亞洲菜系各種鮮明嗆辣的口味，歐洲人使用香料於菜餚中嘗起來多半有些若有似無，講求各種味覺平衡搭配的美感，「這道菜應該有加肉豆蔻吧？」吃起來，總是讓人無法那麼肯定的猜測！

法國重視百里香、月桂葉；義大利人用羅勒、鼠尾草；北歐人愛蒔蘿；西班牙人喜歡番紅花；墨西哥熱愛奧勒岡、辣椒……

歐洲人聖誕節喜歡喝的香料熱紅酒，可加入丁香、肉桂、豆蔻等香料，也可以蘋果汁為主體做成無酒精版本。

在歐洲的市場裡，有不少賣香料的攤子。圖為西班牙的傳統市場。

香料捉迷藏：從調酒、麵包到乳酪調味都有

香料在歐美料理中蔓延的程度，不只鹹味料理而已。飲品中常見的古巴雞尾酒mojito使用檸檬薄荷中和蘭姆酒的烈性，西班牙sangria用肉桂棒增添紅酒與水果的厚度，歐洲聖誕節必喝的香料熱紅酒以丁香、肉桂、八角、月桂葉、香草莢共同熬煮，以及各地的香草茶都是經典。甜點中使用的香草（vanilla），德法傳統香料麵包（pain d'epices）或美國聖誕薑餅人使用薑、肉桂、八角、肉豆蔻，西班牙churros吉拿棒不撒點肉桂粉彷彿就沒那麼好吃……，香料用法多到吃不完。

台灣較少見的還有香料在乳酪或鵝肝上的運用。歐洲人愛乳酪成痴，現切現吃，調了味再吃！新鮮的軟質乳酪是最常經過調味再品嘗的一種，如法國白乳酪（fromage blanc），拌入橄欖油、鹽、胡椒、馬郁蘭碎，搭配剛出爐酥脆的脆餅，味道高雅；硬質乳酪則可搭配加了長胡椒碎、粉紅胡椒或其他香料製成的chutney酸甜醬（用葡萄乾、杏桃乾、蘋果等製成）。鵝肝除了乾煎，可以用各種特殊胡椒、香料調成自家口味後，更能搭佐那肥厚滋味。

對歐美人來說，義大利細葉香芹、大蒜、辣椒、胡椒、香料油等，都是廚房裡的浪漫好夥伴。

歐美香料的食用方式

歐美地區，香草與辛香料幾乎無所不在的潛藏在所有料理中，使用方式，也不僅僅限於燉煮或沙拉等傳統食用方式，香料在不同溫度、時間點加入，與不同介質產生互動，都會影響風味，以及香氣。

／燉煮／

慢火熬燉，是歐洲傳統菜餚最經典的方式之一，各種食材透過長時間小火烹調融合成溫潤和諧的滋味。不論平民料理大雜燴或燉肉，經由採摘香草入菜，或添加富含異國風味的辛香料，歐美燉煮料理很常經由香料來增添料理變化，使單純的雞、豬、牛、羊肉，衍生出千百種相異其趣的滋味。法國乃至於歐洲燉菜的基本步驟，包含煎肉、炒香調香蔬菜（洋蔥、西洋芹、紅蘿蔔）、加入烹調液體（酒、水、高湯），接著再長時間

慢火燉煮，讓百里香、肉桂、丁香等味道慢慢釋放到食材裡，是歐洲料理常用的手法之一。

香料加入燉菜料理的兩個最佳時機

1.加入烹調液體時，同步放入欲添加的香草梗、乾燥辛香料或Bouquet garni香草束：乾燥香料與植物莖幹部分，都需要較長時間才能釋放味道，若太早加入，反而容易在乾炒的過程中燒焦、產生焦味。燉煮過後，撈出無味退役的香草與蔬菜，剩下的就是充滿香氣的燉汁。

2.上菜前：香草葉片的氣味在切割或加熱後很快就會消失，因此上菜前，將先前預留的部分香草葉切碎撒上拌入，用餘熱烘托香氣，增強原本已煮入味的香料味，讓人胃口大開！

小火慢燉，最終上菜前調味。

／香醋、調味油／

對熱愛沙拉的歐美人來說，大蒜油、辣椒油、羅勒油、迷迭香油、松露油等調味油與香醋，是廚房裡的好夥伴，簡易的沙拉食材或清燙蔬菜，拌入醋、調味油、鹽、胡椒，既健康又美味。作法是將乾淨、表面乾燥的香料，加入橄欖油或葡萄籽油中浸泡幾週直到入味後使用，香醋則可選擇白酒醋、蘋果醋等味道較淡者加入香草。調味油與醋，吸收香料中的淡雅香氣，特別適合涼拌使用，也很適合在濃湯、義大利麵、燉飯熱呼呼盛盤上菜時，略淋上一些，頓時香味四溢。

／醃製與鹽漬／

不只中菜，將肉類事先醃製再烹煮的方式也存在西洋料理中，如紅酒燉牛肉、匈牙利燉牛肉等，提前一天或一小時先以醃製方式讓香料入味。但醃漬料理可不僅如此，鹽漬魚類或柑橘汁醃海鮮分別透過鹽分的滲透壓，或柑橘檸檬酸使蛋白質熟化的作用，一邊將食物轉變為可食用的狀態，一邊將香料的氣味帶入，如北歐的醃漬鮭魚。

以羅勒絲、檸檬汁、橄欖油、胡椒等製成的莎莎醬，跟著麵包一起吃，清爽又有飽足感。

煙燻

煙燻料理也常會使用到香料，中式習慣用的茶燻、糖燻法，來到歐美就變成了香料煙燻。燻魚、燻肉時，用迷迭香、松針、百里香、鼠尾草、甘草等取代，都能讓食材染上不同風味，也可以嘗試煙燻馬鈴薯喔！

沙拉或莎莎醬

生食香草植物能吃到其最原始的味道，歐洲人食用沙拉不只會加入蔬菜、水果、堅果、果乾，也可取適量香草葉如生菜般直接拌入，馬郁蘭、奧勒岡、薄荷、羅勒、細香蔥、酸模、水田芥等，香草葉能提升沙拉風味層次的變化。或如同墨西哥酪梨莎莎醬、番茄莎莎醬中必備的羅勒、芫荽，切絲（Chiffonnade）或切碎加入，清爽且道地。

香料鹽

肉質好的部位，簡單油煎就相當美味，煎肉前後使用香料，可輕易將香氣偷渡入肉中。準備煎肉熱油時，一邊將擦乾的肉撒上鹽、粗磨胡椒與香料調味，此時香料顆粒不要太小，煎熟過程中容易燒焦產生苦味。在煎肉的過程，鍋內一邊加入大蒜、百里香、迷迭香、月桂葉等香草，香氣會隨著油煎加熱過程散發。上菜前，用鹽之花、胡椒、檸檬皮屑、細香蔥碎、紅椒粉等想要的調味適量混合，撒在煎熟的牛羊排邊上，更是法式高級料理的小技巧！

裝飾

香草在歐美料理還有最後一個重要功能，就是「擺盤」。每每看見撒滿香草碎或香草束點綴的食物，都讓人幻想來到古堡莊園用餐，

上菜前，將切碎的香草葉撒上，用餘熱來烘托香氣，最後再淋上一點橄欖油便香氣十足。

或在鄉野秘境中野餐。香草擺盤是有學問的，歐式料理中擺盤用的香草不是選漂亮的用而已，通常還代表著這道料理中已使用的香料提示，例如迷迭香芥末燉兔肉，會用新鮮迷迭香擺盤，暗示醬汁與燉肉過程中曾經使用的原料。透過微波爐與烤箱乾燥化的香草葉片，更是精緻料理經常使用的擺盤技巧。

累積經驗，你也能運用自如

法式薰衣草蜂蜜烤鴨、西班牙海鮮鍋飯、墨西哥奧勒岡烤肉……，香料讓世界各地主廚們創造了無數的經典料理與飲食趣味。即使歐美的香料，與亞洲菜系味道頗為不同，但只要多多嘗試、累積使用經驗，一樣能夠運用自如，為生活飲食增添濃濃異國風情。多認識不同香料與香草的味道，也許下次上餐廳用餐，你也能一口辨別出今天大廚到底私藏了什麼秘方！

歐美料理常用香料一覽

紅椒粉(paprika)

微辣帶甜，可用來調色增香，歐美料理常使用的辛香料之一，有煙燻、無煙燻及不同的辣度可供選擇，可和肉類一起醃製或撒在蔬菜上一同進烤箱。

綠胡椒

胡椒

分為綠、黑、白、紅四種，乾燥磨粉後，常用於醃製或調味各式海鮮或肉類，也可於起鍋前撒上，用途很廣。

金蓮花

都是新鮮時使用，不適合加熱，可以把花直接放在沙拉或甜點上，帶點芥末的辛辣味，咬到時會很有驚喜。

茴香

和蒔蘿長相相似，但葉子更為細緻，從茴香頭到茴香葉都可用，歐美料理常用來做沙拉或醃魚，台灣料理則會用茴香來煎蛋，或整盤炒青菜吃。

香草莢

原本是綠色的，發酵後味道才會出來，市面上買到的都是發酵處理過的黑色香草莢。甜點常使用，偶爾也會用在燉肉上，使用時要把香草莢內的香草籽刮下，剩下的莢可以和糖一起放在密封的罐子內做成香草糖。

龍蒿

味道比較重，適合用在海鮮裡，尤其龍蝦湯很喜歡加一點龍蒿，也可以和醋、橄欖油一起浸泡做成簡易的龍蒿油醋醬，搭著沙拉一起吃（也可抹一點在魚上去腥）。蛋黃醬加點龍蒿油醋醬一起打，可增加風味。

細葉香芹

也稱為義大利香芹或平葉巴西利，因味道較荷蘭芹淡雅，相較於荷蘭芹，更常出現在歐洲人的餐桌上，可做成沙拉、最後撒在湯上或剁碎加在肉裡。

有時也會拿來裝飾，可去腥，也可撒在燉煮或烤好的海鮮上。

魚腥草

新鮮的有魚腥味，燉煮後腥味即消失，可到中藥行買乾燥的魚腥草，和雞湯一起燉煮或做成煎餅、魚腥草茶。

蒔蘿

有一股清涼的味道，很適合做魚料理，或在湯上撒點碎葉，新鮮的嫩葉可以用來做沙拉，因為和茴香長相與氣味皆相似，在台灣常混用，不少人都拿來炒蛋，一般菜市場買到的雖會自稱茴香，但因茴香在台灣不易生長，可能都是蒔蘿。

歐美料理常用香料一覽

峨蔘（山蘿蔔）

法國細葉香芹Chervil，被喻為「美食家的歐芹」，是法國料理中不可或缺的香料，主要利用部位為嫩葉，可添加於沙拉、肉類及湯裡。

馬郁蘭

屬於味道較重的香料，重口味的食材都可駕馭，例如和羊排一起醃製，或是燉煮如青椒、紅椒等重味道的蔬菜，也可搭配海鮮。

鼠尾草

味道較重且嚐起來有淡淡的澀味與辣味，適合和雞、鴨肉搭配或作為香腸的填充料。義大利人會用新鮮的鼠尾草拍打牛排後下去煎，有殺菌防腐的效果。

檸檬馬鞭草

馬鞭草的種類多，最常食用的為檸檬馬鞭草，帶點檸檬味，通常拿來泡茶，或取莖葉切碎後與白肉一起烹煮，也可取代檸檬，加在糕點或泡酒、泡醋使用。

甜羅勒

和九層塔味道相似，整體氣味卻更為溫和，不管是煎蛋、燉菜、煮湯、煎魚、炒肉都可加，同時也是義大利青醬的主要原料，是歐美的萬用香料，在比薩上面擺幾片一同烤也很香，可去腥味。

薄荷

常用來泡茶或直接加在白開水裡做成薄荷水，葉子剁碎可做醬汁，也可以放在沙拉上，另可與豬肉一起醃製，去除腥味。不能久煮，喜歡薄荷味道的話，其實在料理的最後都可撒上增味不突兀。

月桂葉

歐洲、地中海、中東、南洋各地區烹飪中常用香料。多用於煲湯、燉肉、海鮮和蔬菜，通常是整片稍微撕碎，或連莖與其他香草綁成香草束一起入鍋燉煮，能提香、去除肉腥味，並有防腐效果。

肉桂

很常用來做甜點、燉水果或燉肉，比如聖誕節一定要喝的香料熱紅酒裡一定有肉桂的香氣，其他國家的料理也常用，如台式滷包、印度咖哩等等。

迷迭香

很適合醃製牛肉和羊肉，要稍微剁碎味道才容易出來，不能放多，容易有苦味。很多人都不知道，迷迭香和巧克力是絕配，喝熱巧克力時放一點，可提出巧克力的香氣。

蒲公英

台灣人不常用，但國外常用來做沙拉，可去腥味，帶點淡淡苦味，也能拌肉做餃子餡，味道會有點像西洋菜，營養成分很高。

芝麻葉

適合做沙拉，吃起來有淡淡的辛香，帶點芝麻的味道，不適合烹調，做成沙拉，拌一拌配油醋吃最適合。

番紅花

西班牙國寶，著名的西班牙海鮮鍋飯、法國馬賽濃湯裡的重要香料。價格不斐，可去除海鮮的腥味，煮肉類較不適合。

奧勒岡

帶點涼涼的味道，適合用在肉類與海鮮，比如做肉醬時放一點奧勒岡可去腥，也可以用來燉肉、燉蔬菜或烤蔬菜時加一點。

百里香

海鮮、肉類、蔬菜都適合，是很普及的萬用香料，但和迷迭香一樣，放多容易苦。通常用來做燉菜或煮湯。乾燥百里香碎可於最後撒上，增加料理香氣。

薰衣草

花的味道較重，適合泡茶，葉子則可拿來做料理，可去海鮮的腥味，也很適合搭配羊肉一起烤，做成甜點也很搭，可安定神經。

天竺葵

有淡淡的芳香，通常都是做甜點、飲料使用。

荷蘭芹（巴西利）

台灣講的巴西利通常指的是此種捲葉巴西利，葉子可剁碎和奶油（牛油）拌一拌成為麵包抹醬，梗可拿來煮湯，不過不能久煮，約15分鐘就要取出，可提雞湯的鮮味，因葉子漂亮，也常做為餐盤擺飾。

辣根

台灣幾乎買不到新鮮的辣根，都是加工後的辣根泥（醬）。可去腥解膩，配著炸魚條一起吃、烤牛肉時放一點在旁邊，可做沾醬或加一點打發的鮮奶油拌一拌成辣根奶油醬，國外的哇沙米。

杜松子

杜松樹的果實，小小一顆，可去腥，同時也是琴酒的原料。主要會用在肉類的燉煮或醃製上（如：羊肉、鹿肉），也是德國酸菜裡一定要加的香料，西方人做火腿、培根時也喜歡加杜松子，把肉類的味道提出來。

普羅旺斯綜合香料

法國南部的普羅旺斯，氣候宜人，出產許多香料，居民將其集大成製作「普羅旺斯香料」。清香芬芳卻很溫和，適合搭配肉類，像是普羅旺斯紅酒燉牛肉、鄉村蔬菜燉肉，當然烤綜合蔬菜也很美味，可說是萬用香料。

·醃肉、沙拉、醬汁、湯

香料　新鮮迷迭香2公克、新鮮馬郁蘭2公克、新鮮百里香2公克、羅勒3公克、月桂葉1/2片、薰衣草2公克

作法

全部切碎後混合均勻即可。

point

可用乾燥迷迭香1公克、乾燥馬郁蘭1公克、乾燥百里香1公克替代新鮮香草，只要全部混合均勻即可。

義大利綜合香料

義大利的尋常家庭味，香氣強烈很適合用在肉類上，如羊排、牛肉，義大利肉醬就是經典菜之一，將所有香料磨碎混合，隨手撒一點，就讓料理充滿異國風味，若與初榨橄欖油混合浸泡入味，就是可以抹麵包的義大利香料油。

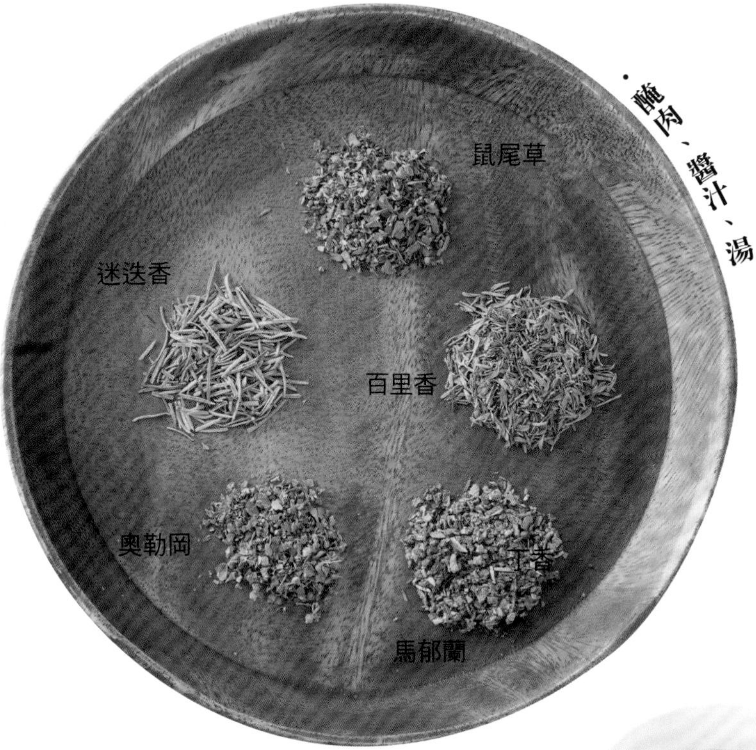

・醃肉、醬汁、湯

香料　乾燥迷迭香0.5公克、乾燥百里香0.5公克、乾燥鼠尾草0.5公克、乾燥奧勒岡1公克、乾燥馬郁蘭1公克

作法

全部混合均勻即可。

＊可以一次做多一點，以乾燥密封玻璃罐封裝保存。依個人喜好適量取用。

point

如果家有種新鮮香草，可用新鮮的替代，芳香精油味更好更自然，份量如下：

迷迭香1公克、百里香1公克、鼠尾草1公克、奧勒岡2公克、馬郁蘭2公克，全部切碎混合均勻即可，但用新鮮香料製作不能久放，得當天用完。

美式肯瓊綜合香料

Cajun spices香料粉是美國紐奧良地區的代表香料，最適合用在肉類料理的醃製調味，著名的肯瓊牛排、紐奧良烤雞，正是以此濃郁微辣的辛香料來提出肉的香甜。

・醃肉

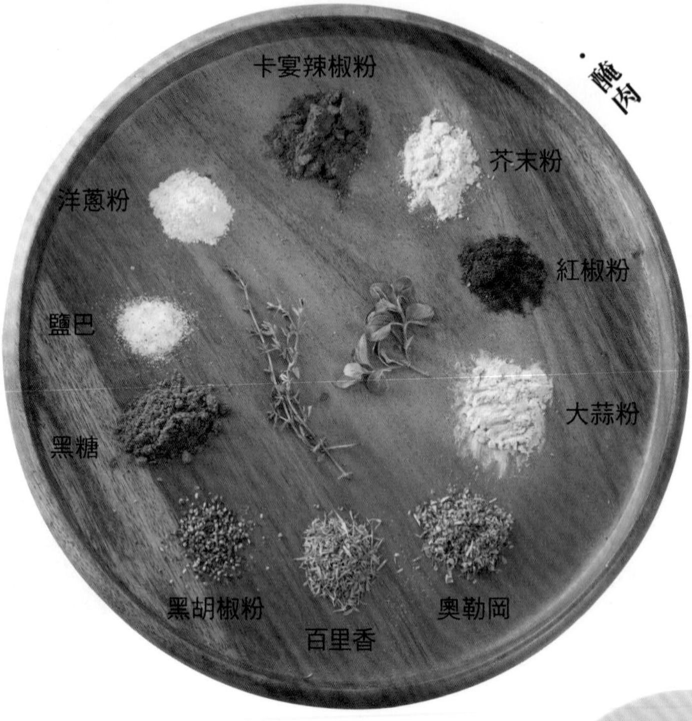

香料 紅椒粉50公克、卡宴辣椒粉8公克、芥末粉15公克、洋蔥粉10公克、大蒜粉10公克、黑胡椒粉50公克、乾燥百里香4公克、乾燥奧勒岡4公克

材料 鹽10公克、黑糖50公克

作法

將全部材料混合均勻即可。

point

乾燥百里香可用新鮮百里香葉5公克；乾燥奧勒岡可用新鮮奧勒岡葉5公克取代，使用新鮮的精油味會更好，如果採用新鮮香草請先切碎後再混合即可。

延伸料理

紐奧良烤豬肋排

只要學會肯瓊綜合香料，經典名菜一點也不難。

以美式肯瓊綜合香料塗抹在肋排上調味，即能輕鬆做出美式餐廳裡常吃到的紐奧良風味烤肋排！把豬肉替換成雞肉，就可搖身一變為著名的紐奧良烤雞，相同作法以雞翅為主材料，再佐藍紋起司醬食用，就成為「水牛城雞翅」囉！

材料 豬肋排450公克、洋蔥80公克、胡蘿蔔80公克、西芹80公克、蒜苗50公克、白酒60毫升、粗鹽15公克、水2公升

香料 美式肯瓊綜合香料適量（依個人喜好）、黑胡椒粒5公克、月桂葉1片

作法

1 所有蔬菜切成大丁，和豬肋排、水、白酒、粗鹽、黑胡椒粒、月桂葉用大火煮至滾後，轉小火慢煮到豬肋排熟後，撈起備用。

2 將肯瓊香料粉均勻塗抹在豬肋排上，放入已預熱的烤箱中，以220度烤約15分鐘至上色即可。

point

在煮豬肋排的水裡加粗鹽，可讓淡淡的鹽味提出肉甜，所以香料粉不用刻意久醃，直接入烤箱烤至上色和香氣散出時即可。

西班牙綜合香料

西班牙綜合香料的風味，代表了西班牙食物的味道，用途極為廣泛，與肉類、海鮮都能很好的搭配。

香料　辣紅椒粉15公克、甜紅椒粉10公克、大蒜粉3公克、小茴香粉3公克、乾燥奧勒岡1.5公克、乾燥迷迭香0.5公克、番紅花0.5公克、鹽8公克

作法

將全部材料混合均勻即可。

point

乾燥奧勒岡可取代為新鮮奧勒岡葉2.5公克，乾燥迷迭香可取代為新鮮迷迭香1.5公克。使用新鮮的香草切碎使用，會釋放更好的精油味。

西班牙肉丸

材料 牛絞肉300公克、豬絞肥肉100公克、紫洋蔥（細末）120公克、大蒜（細末）10公克、雞蛋1顆、麵包屑60公克、中筋麵粉30公克、番茄碎罐350公克、白酒100毫升、橄欖油60毫升、鹽適量

香料 西班牙綜合香料10公克、研磨黑胡椒適量

作法

1 起鍋放入橄欖油，以中火炒香紫洋蔥末、大蒜末後放涼備用。

2 將牛絞肉、豬絞肥肉、作法1蔬菜以及雞蛋、麵包屑和西班牙綜合料混合一起，做出肉丸，每個約35公克。

3 肉丸表面均勻沾裹薄薄一層中筋麵粉，放在烤盤上以180度烤12分鐘，取出盛盤。

4 另一鍋放入番茄碎和白酒，以中火煮開，加入鹽、黑胡椒粉拌勻為醬汁，淋在肉丸上即可。

這道肉丸是傳統的西班牙小點，以西班牙綜合香料調味，能做出當地小餐館常吃到的經典風味。

point

可依個人喜好製作全牛肉或全豬肉的肉丸。

香料油

檸檬馬鞭草油

用途 拌沙拉

材料 檸檬馬鞭草3支
橄欖油250毫升

作法

1. 檸檬馬鞭草洗過，用紙巾按壓乾。
2. 將檸檬馬鞭草放在鍋中，加入橄欖油。
3. 加熱至起微泡，關火靜置放涼即可。
4. 密封放通風陰涼處，不碰水可放2星期。

迷迭香大蒜辣椒油

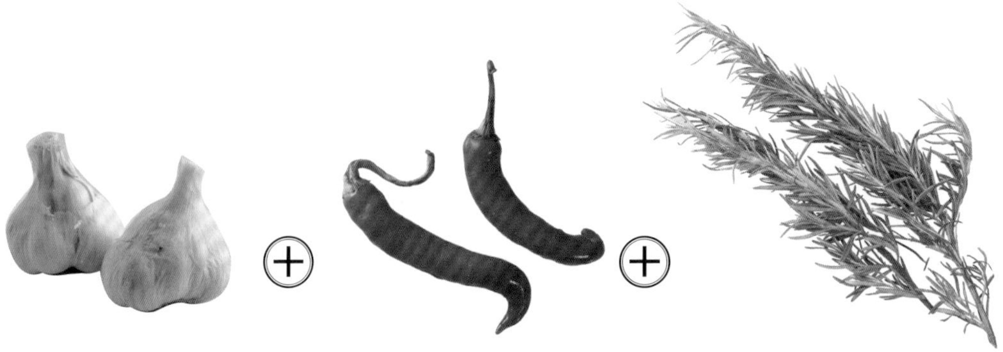

point

加了迷迭香，讓大蒜與辣椒的味道又多了一分層次。

用途 塗麵包

材料
新鮮迷迭香2支
大蒜3瓣
紅辣椒2支
橄欖油250毫升

作法
1 迷迭香輕沖洗，用紙巾按壓乾。
2 將大蒜稍微拍碎後備用，紅辣椒拍過。
3 把迷迭香與大蒜、紅辣椒放進鍋中加入橄欖油，將油加熱至起微泡，關火靜置放涼即可食用。
4 密封放通風陰涼處，不碰水可放2星期。

香料鹽

迷迭香鼠尾草海鹽

用途 調味雞肉

香料
迷迭香30公克
鼠尾草30公克
帶皮大蒜2粒
海鹽200公克

作法

1 迷迭香、鼠尾草洗淨擦乾水分剪成小段。

2 乾鍋加熱後，加入海鹽乾炒1分鐘。

3 再加入帶皮大蒜、迷迭香、鼠尾草以小火炒至葉片變乾即可起鍋，攤平降溫。

4 密封放乾燥通風處，可放二至三星期。

綜合香草鹽

用途 調味魚和海鮮

香料
百里香30公克
龍蒿20公克
紅椒粉5公克
黑胡椒粒10公克
帶皮大蒜2粒
海鹽200公克

作法

1 百里香、龍蒿洗淨擦乾水分剪成小段。

2 乾鍋加熱後，加入海鹽乾炒1分鐘。

3 再加入帶皮大蒜、百里香、黑胡椒粒、龍蒿、紅椒粉一起炒至葉片變乾，即可起鍋攤平降溫。

4 密封放乾燥通風處，可放二至三星期。

point

做好的香料鹽放入密封罐裡，需要時隨時取用，即可為料理增香提味。

迷迭香醋

point

羅勒、薄荷、迷迭香、百里香、奧勒岡、鼠尾草、龍篙、蒔蘿……都適合製作香草醋，可替換嘗試不同的風味。

用途 做為醬汁

香料 迷迭香2-3支（新鮮10公分條）
白酒醋250毫升

作法

1 準備洗過擦乾、消毒過的玻璃容器。
2 迷迭香清洗後，用紙巾拭掉水氣。
3 用湯匙輕壓迷迭香，讓香味釋放出來，放進玻璃容器。
4 白酒醋先加熱至出現一點小泡泡的程度，不用到沸騰，倒入容器蓋過迷迭香，讓香草完全浸泡其中、冷卻。常溫保存約1個月，風味融合即可使用。

香料油醋醬

用途

適合拌沙拉

麵包沾醬

香料

新鮮巴西里碎0.5公克

新鮮迷迭香碎0.2公克

迷迭香醋50毫升

義式陳年醋30毫升

紅蔥頭碎5公克

調味料

鹽

黑胡椒適量

橄欖油240毫升

作法

1 將所有材料混合，靜置約30分鐘待風味完全融合即可。

point

如果沒有新鮮的巴西里碎，可換用乾燥的洋香菜，份量需減為0.25公克。

肉桂糖

point

裝入氣密式容器中保存，遠離高溫、潮濕場所，可保存一年。

香料糖

用途 搭配點心

材料
- 肉桂粉 5 公克
- 丁香粉 0.5 公克
- 薑粉 0.5 公克
- 香草豆莢 0.2 公克
- 細砂糖 60 公克

作法

將材料全部攪拌均勻即可。

香草糖粉

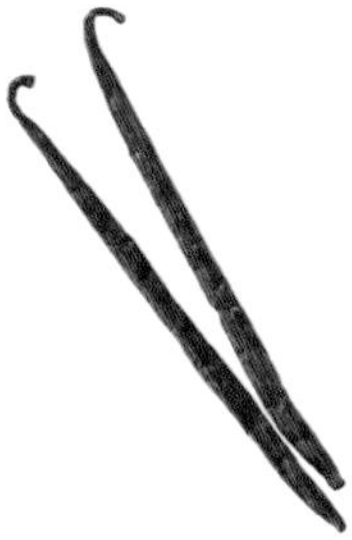

用途

搭配水果
吐司
咖啡
茶

香料

香草豆莢（取籽）2.5公克
細砂糖50公克

作法

剖開香草豆莢，刮出香草籽與砂糖拌均勻。常溫保存即可。

point

把籽從香草莢上刮下來後，豆莢不要丟掉，可一起進糖罐，香草皮的風味也會持續滲入糖裡面。

香草束做高湯

西式雞高湯

材料

雞骨250公克
洋蔥50公克
紅蘿蔔30公克
西洋芹50公克
青蒜苗30公克
水2公升
棉繩1條

香料

月桂葉1片
百里香1公克
荷蘭芹2公克
黑胡椒粒5粒

point

雞骨也可用鱸魚替代，做完鱸魚料理後，剩下來的鱸魚骨即可熬成魚高湯。

作法

1 雞骨燙過備用，材料裡的蔬菜都切成塊，要留一段西洋芹和青蒜苗綠。
2 取一段西洋芹，中間凹槽處放入百里香、荷蘭芹、黑胡椒粒、月桂葉、青蒜苗綠用棉繩綁起成香草束。
3 將雞骨、蔬菜塊、香草束放入水裡，開大火煮滾，再關小火煮30分鐘後，過濾高湯即可。

法式香草蔬菜肉鍋
Pot-au-feu

材料　牛肩肉180公克、雞腿肉（帶骨）160公克、牛骨180公克、洋芋80公克、洋蔥80公克、西芹30公克、青蒜苗30公克、白蘿蔔60公克、紅蘿蔔60公克、水2公升、丁香2粒、大蒜2粒、小酸瓜3條

香草束　西芹1小根、青蒜苗30公克、荷蘭芹5公克、黑胡椒粒3公克、新鮮百里香葉2公克（或乾燥百里香葉1公克）、新鮮月桂葉2片（或乾燥月桂葉1片）

調味料　粗鹽30公克

作法

1 取一支西芹，中間凹槽處放入百里香、黑胡椒粒、月桂葉、荷蘭芹根，最後用蒜苗綠包好，以線繩綁好固定，即為香草束。

2 將牛肩肉、牛骨及1.5公升的水入湯鍋中，以小火慢煮約2小時，加入雞腿與切塊的洋芋、洋蔥、西芹、白蘿蔔、紅蘿蔔、蒜苗白。

3 將香草束放入作法2湯鍋裡煮出味道，再放入大蒜、丁香略煮一下，最後以粗鹽調味，起鍋後放一小碟酸黃瓜在旁佐食即可。

以香草束入湯可去除肉腥味，更可將全部食材的味道提出，這道料理是傳統的法國火鍋，原來是不調味的，直接佐酸黃瓜一起食用，考量台灣人愛喝湯的習慣，加入少量粗鹽淡淡調味。

延伸料理

point

如果將新鮮香草替換成乾燥香料，份量減為新鮮的一半。

經典菜

經典地中海菜的西班牙海鮮鍋飯，香料少一味都不行，尤其「番紅花」是重點，淡淡果香味與其他香料一起讓海鮮飯染上漂亮的黃色色澤，道地的會用深度不超過5公分的平底淺口大圓雙耳鍋盛裝，鍋氣香氣皆誘人。

西班牙海鮮鍋飯

材料 短米100公克、雞腿肉丁（或豬肉丁）80公克、小卷50公克、鮮蝦6隻、蛤蜊8個、紅甜椒丁30公克、番茄碎60公克、洋蔥碎30公克、青豆仁10公克、大蒜碎10公克、檸檬1/4顆、橄欖油30毫升、高湯450毫升

香料 番紅花1公克、新鮮奧勒岡葉3公克（或乾燥奧勒岡2公克）、紅椒粉5公克、辣椒粉5公克、小茴香粉3公克、白胡椒粉適量

調味料 鹽適量

作法

1 平底鍋中倒入橄欖油炒香洋蔥碎、大蒜碎，再加入雞腿肉丁、小卷、鮮蝦、蛤蜊翻炒香勻，先倒在盤中備用。

2 以原鍋加入短米炒，再加入紅甜椒丁、番茄碎拌炒。

3 加入高湯燉煮約10分鐘，加入作法1和香料們、鹽、拌勻後，放入烤皿中，加蓋。

4 烤皿加蓋入烤箱裡以180度烤約10分鐘，取出加入青豆仁拌勻即可，用餐時可在旁邊附帶檸檬角。

point

短米耐煮，美味的海鮮鍋飯，要讓飯粒吸飽湯汁，建議用西班牙米或義大利米，此皆為耐煮的短米（short-Grain Rice），吸汁能力強，煮後不軟爛黏稠，仍有口感。

西西里白酒酸豆海瓜子

義大利綜合香料清香芬芳的風味很適合用在海鮮和肉類，再搭配西西里的特產酸豆，不僅能去除海瓜子的海腥味，更能開胃喔！

point

也可用乾燥羅勒做，份量改為1公克。

材料　海瓜子（或文蛤）160公克、牛番茄25公克、酸豆5公克、大蒜10公克、洋蔥10公克、白酒30毫升、橄欖油30毫升

香料　羅勒3公克、紅辣椒5公克、義大利綜合香料適量、白胡椒粉適量

調味料　鹽適量

作法

1. 牛番茄底部用刀尖輕劃十字，以滾水燙過，去皮、切小丁備用。
2. 大蒜、洋蔥、紅辣椒切碎；羅勒切絲備用。
3. 鍋入橄欖油，炒香大蒜、洋蔥、紅辣椒碎，再放入海瓜子略拌勻。
4. 放入牛番茄丁、酸豆、義大利綜合香料、白酒、鹽、白胡椒粉拌炒均勻；等海瓜子開口，起鍋前撒上羅勒葉絲即可。

拿坡里水煮魚

材料 鯛魚（或鱸魚）180公克、蛤蜊250公克、洋蔥碎80公克、大蒜碎5公克、小番茄10顆、白酒200毫升、橄欖油30毫升

香料 小辣椒碎2支、荷蘭芹碎3公克、新鮮迷迭香1公克、新鮮百里香1公克、新鮮鼠尾草1公克、新鮮奧勒岡2公克、新鮮馬郁蘭2公克、白胡椒粉適量

調味料 鹽適量

作法

1 除小辣椒碎、新鮮荷蘭芹、白胡椒外，所有香料全部混合成義大利綜合香料。

2 鯛魚洗淨後，表皮輕劃刀，再撒鹽、白胡椒粉。

3 煎鍋放入橄欖油，擺上鯛魚以小火煎至兩面上色後拿起，再放入洋蔥碎、大蒜碎、小辣椒碎炒香，再加入小番茄和白酒略蓋過魚身，蓋上鍋蓋燉煮約10分鐘。

4 加入蛤蜊、義大利綜合香料煮至蛤蜊開口，放入荷蘭芹碎即可。

原名Acqua pazza是義大利的簡易漁夫料理，以口感溫和的義大利綜合香料調味白肉魚，與橄欖油與番茄同煮，是海洋與陽光結合的滋味，清爽鮮美。

point

如果將新鮮荷蘭芹替換成乾燥荷蘭芹份量改為2公克。

普羅旺斯燉菜

Ratatouille源於尼斯（Nice），又名尼斯燉菜，以小鎮自產的蔬菜、香料煮成一鍋，利用綜合香料引出蔬菜的甜味，散發出來的香氣頓時讓人以為置身在南歐。

材料　洋蔥50公克、大蒜10公克、綠櫛瓜30公克、黃櫛瓜30公克、紅甜椒20公克、黃甜椒20公克、青椒20公克、茄子30公克、牛番茄50公克、濃縮番茄碎120公克、橄欖油30毫升

香料　百里香1公克、薄荷1公克、奧勒岡2公克、迷迭香1公克、羅勒2公克、白胡椒粉適量

調味料　鹽

作法

1 把香料拌在一起即為普羅旺斯綜合香料。

2 洋蔥、大蒜切碎，綠、黃櫛瓜，紅、黃青椒，茄子，牛番茄切小丁備用。

3 起鍋放入橄欖油炒香大蒜、洋蔥碎，再放入綠、黃櫛瓜，紅、黃青椒，茄子，牛番茄，再加入濃縮番茄碎轉小火慢燉。

4 把普羅旺斯綜合香料加入作法3燉菜中小火慢燉，起鍋前以鹽、白胡椒粉調味即可。

歐美料理
常用香料

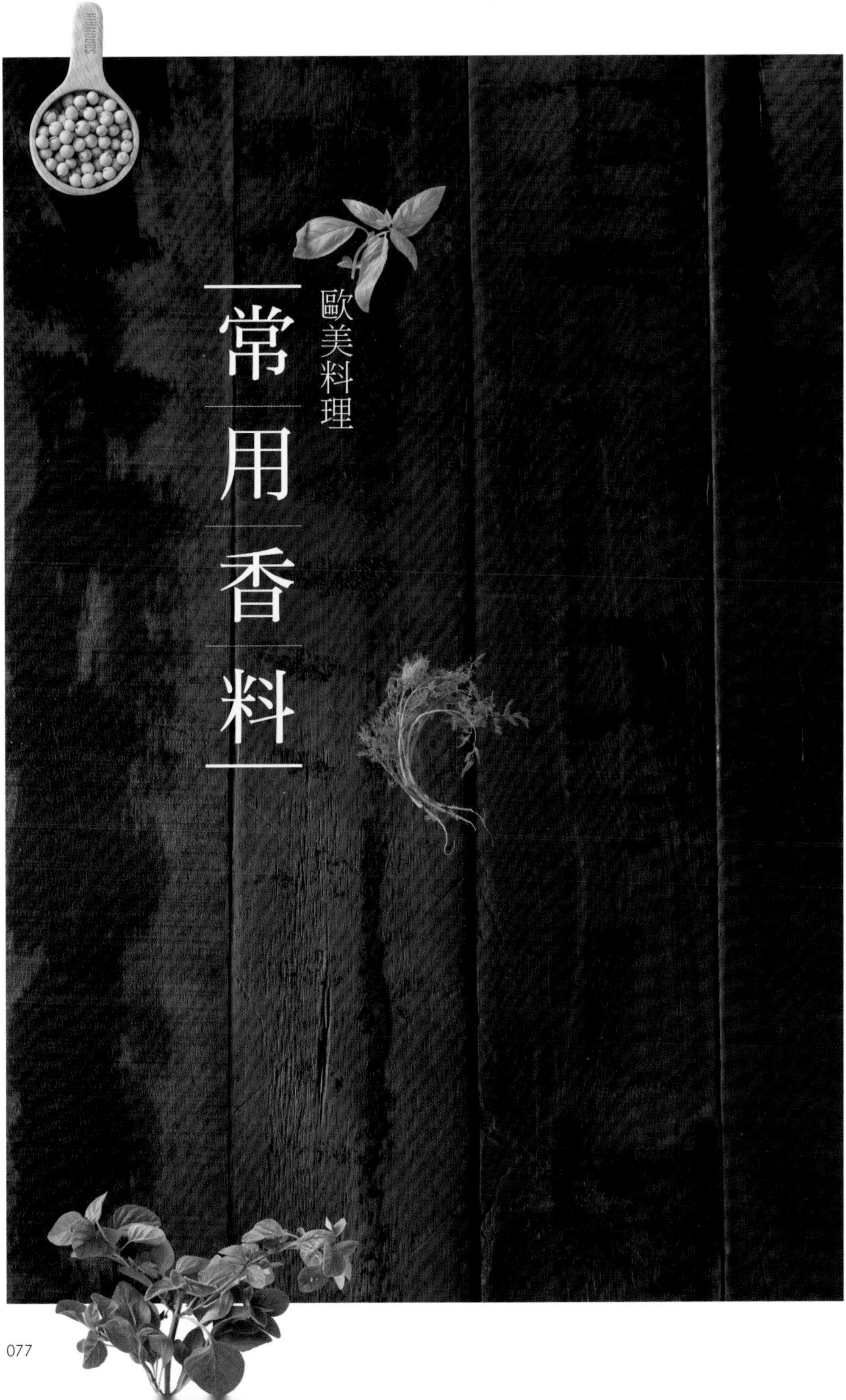

紅椒粉

Paprika

Capsicum annuum

料理　染色

別名：紅甜椒粉、甜椒粉
產地：西班牙、匈牙利
利用部位：果實

含胡蘿蔔素、辣椒素等，能驅寒燥濕、消除疲勞，增進食慾、促進腸胃消化功能，更含有豐富維生素C，具很好的抗氧化效果。

以紅甜椒烘乾後研磨製成的粉末，有別於辛嗆的辣椒粉，味道不辣，口味略偏甜味，因有著濃郁香氣和鮮豔色彩，大多用在料理的調味或調色裝飾上，是配色增香的最佳調味香料。

市面上有匈牙利紅椒粉和西班牙紅椒粉兩種，兩者用的甜椒品種和製法不同，西班牙紅椒粉多以火烤烘乾，帶有煙燻味；匈牙利則以日曬處理，甜椒粉本身的味道濃郁，購買時可選辣度與是否有煙燻味的，可用在煮湯、沙拉或燒烤上，聞起來辛香，但微甜且辣度不高。

應用

入菜料理，為食物增色。

保存

以密封罐盛裝，放在陰涼、不被太陽直射處。

歐美香料

紅椒雞腿佐雞豆莎莎

香料 紅椒粉5公克、紅蔥頭碎10公克、新鮮迷迭香碎1公克（或乾燥迷迭香0.5公克）、紅辣椒碎5公克、白胡椒粉適量

材料 去骨雞腿250公克、煮好雞豆100公克、番茄丁40公克、洋蔥碎20公克、檸檬汁10毫升、橄欖油60毫升

調味料 鹽適量

作法

1 將紅椒粉、鹽、白胡椒粉混合好，均勻抹在去骨雞腿肉上，醃約15分鐘。

2 檸檬汁、鹽、白胡椒粉調均勻後，加入雞豆、迷迭香、洋蔥、紅蔥頭、紅辣椒、番茄和一半的橄欖油，拌成雞豆莎莎醬。

3 熱鍋，加入另一半的橄欖油，再以雞皮朝下的方式放入作法1的雞腿，以中小火煎至脆皮後，翻面煎至全熟。

4 將煎好的雞腿放在雞豆莎莎醬上即可。

微甜不辣的紅椒粉，與雞肉最搭，相當耐煮，且香氣持久不散，讓料理更能入味。

番紅花

Saffron

Crocus sativus

花中珍寶，全世界最昂貴的香料

飲料　料理　藥用　觀賞　染色

別名：藏紅花、西紅花

產地：原產歐洲南部，現以伊朗為大宗

利用部位：花蕊柱頭

番紅花具鎮靜、補血、活血去瘀等功效，中世紀歐洲人以番紅花治療咳嗽和感冒等；另也有促進子宮收縮的作用，中醫運用於治療婦女疾病，但孕婦不宜食用，以免流產。

番紅花又稱為「紅金」，利用部位為紫花中的三根深紅色雌蕊，早期價格直逼黃金，約要用一萬五千朵花才能收集到一百克的番紅花，用炭火將雌蕊烤乾有股淡淡香氣便可做為食品香料、料理上色或藥用，還能萃取番紅花精油，滋潤美容，可說是全球最貴的香料草藥，更是最高檔的天然染料，有香料女王的稱號。

番紅花目前分為五個等級，色澤全紅為最高級，次級為根部帶點黃，再來是半黃半紅，最次級為粉末狀，等級愈高氣味愈濃郁，最鮮豔飽滿，使用少量就能快速溶出汁液，耐煮味道好，當然價格也最高。

應用

- 主要在「調味」和「上色」，最有名的菜色如西班牙海鮮燉飯。
- 沖泡花草茶，可養顏美容，改善手腳冰冷。
- 使用前須先以水浸泡10-15分鐘，待香氣與顏色釋出，再以番紅花水入菜料理（番紅花可食，不用特別過濾）。

保存

密封裝好，置於陰涼處即可。

番紅花VS.川紅花

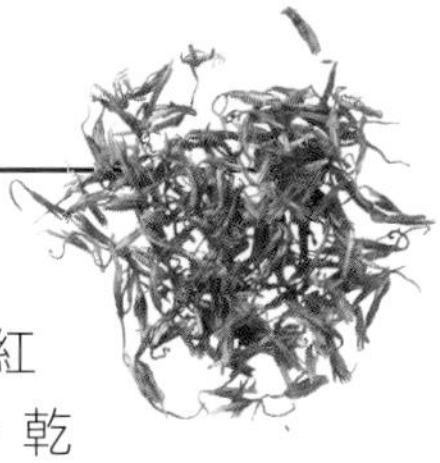

番紅花

鳶尾科番紅花屬，又名藏紅花，價格昂貴，乾燥後呈鮮豔的紫紅色或暗紅色，品質好的細看柱頭會分裂成3枚，有著淡雅高貴的花香。

川紅花

菊科草本植物，又稱紅花、草紅花，價格平實，乾燥後呈鮮紅或深橘紅，質地柔軟味道較重，是有助改善婦女病的中藥材，能泡茶、製紅花酒、為料理上色，也可浸入溫水泡腳，可促進血液循環。

歐美香料

法式馬賽鮮魚湯

番紅花是馬賽海鮮湯不能缺少的香料，能幫魚貝海鮮提味，更帶有花香，風味層次豐富，還有增色作用，能讓湯品帶有金黃色澤。

香料 番紅花1.5公克、八角2顆、黑胡椒粒5公克

材料 鱸魚肉280公克、草蝦2隻、蛤蜊6個、大蒜15公克、乾蔥15公克、洋蔥40公克、蒜苗白30公克、紅蘿蔔20公克、番茄汁80毫升、牛番茄20公克、西洋芹20公克、水600毫升、橄欖油50毫升、白酒50毫升

調味料 鹽適量

作法

1 鱸魚肉切成6片，大蒜、乾蔥、蒜苗白、紅蘿蔔、牛番茄、西洋芹、洋蔥切成片。

2 把作法1的食材和番紅花、八角、黑胡椒粒、白酒一起醃2小時後，食材取出瀝乾，醃汁留下。

3 熱鍋，放入少許橄欖油，先炒香作法2的蔬菜到洋蔥呈金黃色後，加入水、作法2的醃汁、番茄汁以小火慢煮約40分鐘。

4 將作法3過濾成清湯，放入草蝦及鱸魚，最後加入蛤蜊，煮熟以鹽調味即可。

如何分辨真假番紅花

番紅花價格昂貴，因此坊間常見將玉米鬚或黃花菜染色以假亂真，想判斷是否為真，可取少許浸泡溫水，若水呈紅色且樣品褪色即為假的番紅花，真品水呈鮮橙金黃色，無油狀漂浮物。也可在水裡拌一拌，容易斷裂的為贗品或次級品。

point/

海鮮食材可依個人喜好選擇，鱸魚肉可用鯛魚肉替換；
草蝦可用鮮蝦替換；蛤蜊可用淡菜替換。

百里香

Thyme

Thymus vulgaris

適合海鮮、肉類、蔬菜的百搭香料，需長時間燉煮讓香氣釋放

飲料　料理　香氛　藥用

別名：直立百里香、麝香百里香

產地：法國、西班牙、地中海和埃及

利用部位：莖、葉

百里香可防腐、抗菌、抗病毒，有效去除頭皮屑，還能治療感冒咳嗽、喉嚨疼痛，是西方的藥草，提煉的精味有甜而強烈的香氣，運用在芳香療法中能振奮人心，滴入熱水泡腳或泡澡，還可刺激血液循環、恢復體力，除腳臭。

百里香氣味清香優雅，英文名來自於希臘文Thumos，有充滿力量的意思，是具有食用和藥用的香草植物，被廣泛運用於烹飪、養生花草茶及芳香精油。

所含的百里酚是散發香氣及防腐功能的來源，香味越濃，殺菌防腐功效就越顯著，乾燥後麝香氣味會比新鮮的更強烈，切碎後加在燉肉、蛋或湯中調味，因香味需要較長時間才會徹底釋放，最適合久燉的料理，排盤做裝飾也很美麗，餐後來杯百里香茶能幫助消化，是歐美廚房最常見的食用香草植物，唯高血壓及孕婦不能使用。

應用

- 新鮮百里香可加入魚、肉、蔬菜中醃製、燉煮或燒烤；乾燥百里香可於料理最後撒上提香，不過量要拿捏，加多容易有苦味。
- 可泡花茶、做布丁奶酪，或與橙汁紅酒一起煮成香料熱紅酒。
- 萃取提煉出的精油，可提振精神、活躍思緒，並廣泛運用在沐浴保養品中。

保存

- 新鮮百里香葉以白報紙包好，再加一層塑膠袋，置於冰箱冷藏數日。
- 乾燥百里香裝罐，置於乾燥通風處。

適合搭配成複方的香料

與迷迭香、鼠尾草、風輪菜、茴香、薰衣草和其他香草植物搭配，綁成普羅旺斯香草束。

歐美香料

粉煎百里香雞排佐檸檬

百里香氣味芳香又耐高溫久煮，和雞排搭配能融合出豐富多元的清爽滋味。

香料 新鮮百里香葉3公克或乾燥百里香葉2公克、白胡椒粉適量

材料 雞胸肉160公克、中筋麵粉60公克、蛋液1顆、麵包粉80公克、奶油50公克、橄欖油15毫升、檸檬1/2顆

調味料 鹽適量

作法

1 雞胸肉撒上鹽、白胡椒粉備用。

2 百里香葉切碎和麵包粉拌勻。

3 作法1的雞胸肉依序沾上蛋液、麵粉、百里香麵包粉。

4 熱鍋，放入橄欖油、奶油燒熱，擺上作法3的雞胸肉以中小火將兩面煎上色。

5 放入已預熱的烤箱中以180度烤約8分鐘。

6 將雞排排盤，一旁放上檸檬，食用前擠汁佐食即可。

迷迭香

Rosemary

Rosmarinus officinalis

飲料　料理　香氛　驅蟲　藥用

別名：海洋之露

產地：原產於地中海地區

利用部位：莖、葉、花

可消除肉類、海鮮腥味，還能淨化空氣的萬能香草

保存

新鮮植栽最好，若離土則以白報紙包好置入冰箱冷藏保鮮約2-3日。乾燥迷迭香密封裝好，置於陰涼通風，不被太陽直射處。

迷迭香具清新氣味，有鎮定、提神醒腦、促進消化的效果。萃取出的芳香精油，能改善頭皮問題，預防早期掉髮，加入熱水中泡澡，還能促進血液循環，紓緩肌肉緊繃。

外形如針葉樹般的迷迭香葉，用手搓揉就能聞到帶有穿透力的馥郁精油香，英文名是由ros和marinus兩個拉丁文演變而來，意思是「海洋之露」，只要有海上的露水就能存活，相當耐旱，很容易照顧，很多歐美人都會在自家陽台種上一盆，想用時隨手摘取就好。味道甜中帶些微苦，常被使用在烹飪上，可單獨用於肉魚海鮮以消除腥味，亦可做成麵包，泡成花草茶喝來則有少許酸味，但香氣能讓人紓壓放鬆，古代認為迷迭香能增強記憶，也是目前公認具有抗氧化作用的香草植物。

應用

- 新鮮或乾燥迷迭香可用於魚肉醃製，去腥增香，如香煎迷迭香雞腿。亦可與橄欖油、醋或鹽分別製成料理用的香草油、香草醋及香草鹽，增加料理風味。
- 乾燥迷迭香葉可當成天然的室內芳香劑，淨化空氣。
- 新鮮迷迭香萃取出的精油，可運用在香水、香皂、洗髮精、化妝保養品等。
- 迷迭香要剁碎後味道才會出來，但放多易苦，通常100克的食材用2克的迷迭香即可。

迷迭香花

迷迭香分直立迷迭香和匍匐迷迭香兩種，直立迷迭香氣味濃郁，料理上較常用，開的是白色小花。

很多人都不知道，迷迭香不只可以搭配肉類，和巧克力也是絕配！只要加一點，不但不會互相搶味，還可以提升巧克力原有香氣。

歐美香料

牛肉串襯迷迭香巧克力醬

香料 新鮮迷迭香3公克、白胡椒粉適量

材料 牛五花肉180公克、橄欖油80毫升、竹籤6支

調味料 黑巧克力125公克、鹽適量

作法

1 牛五花肉切小塊，迷迭香取6支嫩葉，其他切碎。

2 牛五花肉塊用竹籤串起，每串叉1支嫩葉，並在肉上撒鹽、白胡椒粉。

3 黑巧克力隔水加熱攪拌融化，加入迷迭香碎和橄欖油50毫升成巧克力醬。

4 熱鍋，加入橄欖油30毫升，以大火煎牛肉串，四面煎成金黃色即可起鍋排盤，旁附迷迭香巧克力醬即可。

point/

黑巧克力以苦甜巧克力70%以上的最好，避免太過甜膩。

Lavender 薰衣草

Lavandula

浪漫甜香紫色小花，是能助眠的芳香藥草

飲料　料理　香氛　驅蟲　藥用

別名：香浴草

產地：原產於地中海沿岸，後以法國普羅旺斯、日本北海道、俄羅斯高加索山一帶、中國伊犁河谷為世界四大產地。

利用部位：莖、葉、花

乾薰衣草

薰衣草自古廣泛用於醫療，莖葉皆可入藥，除輔助入眠、紓解壓力外，還可健胃、止痛，是治療感冒、腹痛、濕疹的良藥，尤其適合任何皮膚，可加速燙灼、曬傷的傷口癒合、還可平衡油脂分泌以改善粉刺、膿皰。

薰衣草是有淡紫色小花的香草，氣味芬芳，精油含量超豐富，只需用手輕搓就能聞到馨香甜味，又被稱為「寧靜的香水植物」，遠從古羅馬時代就開始栽種，常做為沐浴或洗衣服的天然添香料，因此以拉丁文的「lavare」（潔淨、洗淨）來命名，目前全世界約有28個品種，最常見的有甜薰衣草、羽葉薰衣草、齒葉薰衣草、真薰衣草四種。氣味主因富含乙酸沈香酯、芳樟醇及桉樹腦，具有鎮定安神之效，新鮮的葉和花可沖泡花草茶，做為調味食物的辛香料，乾燥花束放在房間不只裝成漂亮裝飾，還可以驅蟲，相當萬用。唯薰衣草有催經作用，孕婦禁用。

應用

- 薰衣草全株都可運用，乾燥花苞可泡茶及做成薰衣草果醬，亦可做為烘焙蛋糕的材料及裝飾物，磨粉後可做成調味香料。
- 新鮮莖葉是烹調海鮮的調味料，和羊肉搭配也很適合，可一同醃製或燒烤。
- 乾燥花苞可做成香包放在衣櫃內，清香防蟲蛀，擺放枕邊聞香可助眠。
- 萃取成精油，亦可製成各種沐浴保養品，更是香水原料。

保存

風乾後乾燥保存最好。花苞的氣味會更濃郁，莖葉則會變淡。

適合搭配成複方的香料

可與迷迭香、黑胡椒搭配做為醃肉香料。或與迷迭香、馬郁蘭、百里香、羅勒、月桂葉搭配成普羅旺斯綜合香料。

很多人都不知道，薰衣草的味道很適合用於帶殼的蝦類海鮮，起鍋前撒一下充分拌勻，就能讓料理多點不一樣的想像，吃來也會滿口馨香。

台式香料

蒜香薰衣草鮮蝦

香料 新鮮薰衣草5公克、白胡椒粉適量

材料 鮮蝦180公克、大蒜5公克、白酒80毫升、橄欖油15毫升

調味料 鹽適量

作法

1 鮮蝦先剪去蝦鬚；新鮮薰衣草和大蒜切末。

2 起鍋放入橄欖油以中火煎鮮蝦至兩面上色後，放入大蒜末、白酒、鹽、白胡椒粉拌均勻。

3 最後加入新鮮薰衣草末拌均勻即可。

point/

如果沒有新鮮薰衣草，也可用乾燥薰衣草3克取代。

奧勒岡

Oregano

Origanum vulgare

飲料　料理　香氛　藥用

別名：牛至、花薄荷、披薩草、野馬郁蘭、奧瑞岡

產地：原產於地中海沿岸、北非及西亞

利用部位：莖、花、葉

獨特清香，常用於燒烤料理調味

奧勒岡本身可殺菌解毒助消化，外敷還可治療跌打損傷；提煉成精油，滴入熱水沐浴泡澡，可消除疲勞。

奧勒岡並非原生在美國奧勒岡州，而是野生在希臘等地中海山區的香草，其獨特的濃郁香氣來自本身所含的香芹酚精油成份，有點類似紫蘇或檸檬的清香，可預防感冒、消化系統病症，是藥草與香料齊具的芳香植物。在烹調上與番茄相當搭配，常用於燒烤食物的調味，最常用於番茄口味的披薩上，所以又有披薩草的別名，是義大利廚房常用的香料草之一，乾燥的奧勒岡磨細後氣味比新鮮的更濃郁，使用上不可過量，也不耐久煮，若超過30分鐘就容易出現苦味。

應用

- 帶點涼涼的甜味，用在海鮮、肉類與蔬菜都適合，尤其可以用在燉肉上，做肉醬時放一點可中和腥味。
- 提煉芳香精油，是很好的天然抗菌消毒劑，可做各種清潔沐浴用品，也可做為食材的防腐保鮮劑。
- 沖泡花草茶。

保存

- 新鮮奧勒岡以白報紙包好，再加一層塑膠袋，置於冰箱冷藏數日。
- 乾燥奧勒岡裝罐，置於乾燥通風處。

奧勒岡VS.馬郁蘭

馬郁蘭

奧勒岡和馬郁蘭是近親，又有人稱它為「野馬郁蘭」，二種都是密生葉小巧型植物，仔細看奧勒岡的葉子，長約1-1.5公分的心型，味道較甜，而馬郁蘭則呈類似倒著的蛋形，還有細軟小柔毛，兩者都很適合與番茄搭配。

奧勒岡

歐美香料

香烤義式蔬菜

香料 新鮮奧勒岡5公克或乾燥奧勒岡3公克、白胡椒粉適量、大蒜5公克

材料 青椒30公克、紅甜椒30公克、黃甜椒30公克、綠櫛瓜30公克、黃櫛瓜30公克、茄子80公克、小番茄60公克、橄欖油60毫升

調味料 鹽適量

作法

1 青椒、紅甜椒、黃甜椒、綠、黃櫛瓜、茄子分別切片；大蒜切末。

2 將切好的蔬菜和小番茄與大蒜末、鹽、白胡椒粉、奧勒岡及橄欖油混合拌均勻醃約15分鐘。

3 將作法2放入烤盤中，置放入已預熱的烤箱以200度烤8分鐘即可。

point/

材料中的蔬菜可依個人喜好替換成茄子、馬鈴薯、小黃瓜、青花菜等氣味重的蔬菜，一樣美味。

奧勒岡濃烈的味道很適合用於燒烤，
尤其可去除椒類特有的味道，讓料理
增香，促進食慾。

馬郁蘭

Marjoram

Origanum majorana

香氣甘甜，適合搭配濃郁料理

飲料　料理　香氛　藥用

別名：牛至、野薄荷、野馬郁蘭、墨角蘭

產地：原產地中海、土耳其，目前有美國、歐洲中南部及埃及等

利用部位：莖、花、葉

馬郁蘭全草可入藥，有殺菌解毒助消化功效，能舒緩感冒、腸胃不適。提煉精油用於沐浴時可消除疲勞，還能抗氧化，減緩皮膚老化功效。

馬郁蘭為唇形科牛至屬多年生草本植物，香氣濃郁甘甜，細聞會有股薄荷的野味，自古就被當成辛香調味料，與較濃郁的料理搭配，如番茄等味重的蔬菜或乳酪，引出清爽甜滋味，且馬郁蘭更是義大利薄餅（披薩）不可缺的香料之一，和辣味食物也很合拍，加上氣味獨特還能刺激食慾，泡成花草茶在餐後飲用可幫助消化，對健康有益，整株都能提煉芳香精油，苦澀香味能舒緩失眠頭疼等症狀，乾燥葉子亦可藥用。

應用

- 葉片可單獨或與其他香料一起調製醬汁，運用於沙拉、肉類、乳酪、蛋和薄餅、披薩等料理。
- 可泡澡，或提煉成精油製成各種芳香用品。

保存

- 新鮮馬郁蘭以袋裝好，置於冰箱冷藏可保存2星期。
- 乾燥後密封裝好，置於通風陰涼處，避免陽光直射。

歐美香料

馬郁蘭燉蔬菜

香料　新鮮馬郁蘭5公克或乾燥馬郁蘭4公克、白胡椒粉適量、大蒜5公克

材料　洋蔥30公克、甜椒30公克、茄子50公克、牛番茄50公克、鯷魚10公克、橄欖油20毫升、水100毫升

調味料　鹽適量

作法

1 洋蔥、甜椒、茄子、牛番茄都切成小丁狀；大蒜、新鮮馬郁蘭切末。

2 熱鍋，放入橄欖油炒香大蒜末和鯷魚，再放入洋蔥、甜椒、茄子、牛番茄拌炒均勻。

3 加入新鮮馬郁蘭碎、水，再以中火慢燉至蔬菜軟，最後以鹽、白胡椒粉調味即可。

義大利馬郁蘭

馬郁蘭葉子呈心型且表面光滑，栽培初期成長較慢，開花前會快速成長，新鮮的葉子很適合沖泡成花草茶。

馬郁蘭味道香甜，很適合用在甜點、花草茶上，跟著蔬菜一起燉，可以加乘彼此的鮮甜滋味。

馬郁蘭有著強烈薄荷野味氣息，搭配雞肉去腥，讓料理別具一格，後味豐富。

歐美香料

地中海香料雞肉餅

香料 新鮮馬郁蘭5公克或乾燥馬郁蘭3公克、新鮮百里香3公克或乾燥百里香2公克、白胡椒粉適量

材料 雞絞肉250公克、新鮮麵包粉20公克、蔬菜油20毫升

調味料 鹽適量

作法

1 馬郁蘭、百里香切碎。

2 雞絞肉加入鹽、白胡椒粉適量攪拌均勻，再加入麵包粉和馬郁蘭、百里香碎。

3 將肉揉成圓球後再略為壓扁。

4 起鍋放入蔬菜油以中火將作法3放入，用中小火煎至金黃色即可。

蒔蘿 Dill

Anethum graveolens

飲料　料理　香氛　藥用

別名：洋茴香、野小茴、上茴香、野茴香等

產地：原產地中海及蘇俄

利用部位：莖、葉、花、種子

辛香氣味特別適搭海鮮料理

蒔蘿本身具有緩和疼痛的鎮靜作用。還可用來治療頭痛、健胃整腸、消除口臭，因氣味強烈辛香，可為只能吃少鹽或無鹽料理者增添食物風味。

蒔蘿是西歐、北歐常見的香草，在古埃及時期就被當成藥草種植，含豐富苯丙素及三萜類化合物，有緩和疼痛的鎮定效果。氣味辛香強烈，莖葉似羽毛，顏色深綠，一般當成香料用來醃製魚類，以去除腥味，新鮮蒔蘿亦可當成蔬菜與蛋肉一起烹調，營養價植高。未成熟的種子呈細小圓扁平狀，是最佳的泡菜調味料，也可提煉成精油食用。因外型和茴香葉相似，常被誤認，茴香葉在台灣無法大量生長，所以在台灣菜市場常見的茴香葉，可能都是蒔蘿草。

應用

- 新鮮蒔蘿葉可加入魚肉海鮮醃製後再煎烤，國外很常用蒔蘿來醃鮭魚；還可泡成香草茶，製成酒醋或油醋醬。
- 加工成精油，並廣泛運用在沐浴用品等。

保存

- 新鮮蒔蘿以白報紙包好，再加一層塑膠袋，置於冰箱冷藏數日。
- 乾燥蒔蘿裝罐，置於乾燥通風處。

蒔蘿葉VS.茴香葉

茴香葉

茴香葉呈細針絲狀黃綠色，氣味較溫和，可做蔬菜料理食用；蒔蘿葉的葉子似羽毛，顏色深綠，氣味較強烈，一般多用來醃製或搭配海鮮肉品。

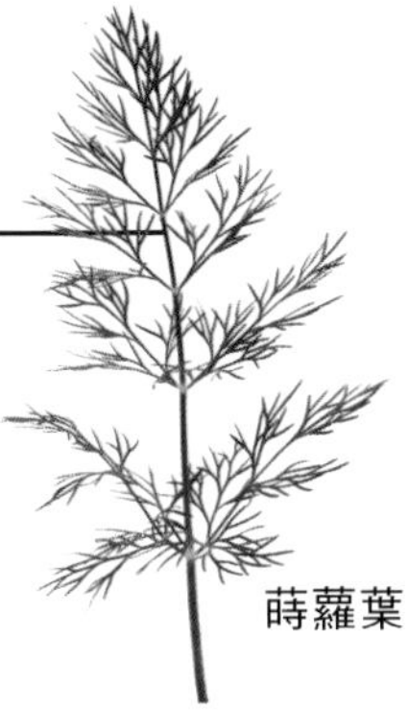
蒔蘿葉

歐美香料

蒔蘿粉紅胡椒鮭魚排

(香料) 蒔蘿10公克、粉紅胡椒3公克

材料 鮭魚排160公克、橄欖油30毫升

調味料 鹽適量

作法

1 蒔蘿切碎和粉紅胡椒拌勻。

2 鮭魚排先撒鹽，再沾作法1備用。

3 熱鍋，放入橄欖油燒熱後下鮭魚排，以小火將表面煎上色。

4 放入已預熱的烤箱以180度烤5分鐘即可。

蒔蘿花

台灣的蒔蘿在春末及秋初兩季開花，花色黃且呈複傘狀。

愛吃魚的北歐人最愛以蒔蘿搭配魚排，且它也是醃製鮭魚不可少的香料，不但可去腥增香，還可解油膩。

茴香 Fennel

Foeniculum vulgare

從莖葉到籽都可食用的香味蔬菜，最適合油膩的魚肉料理

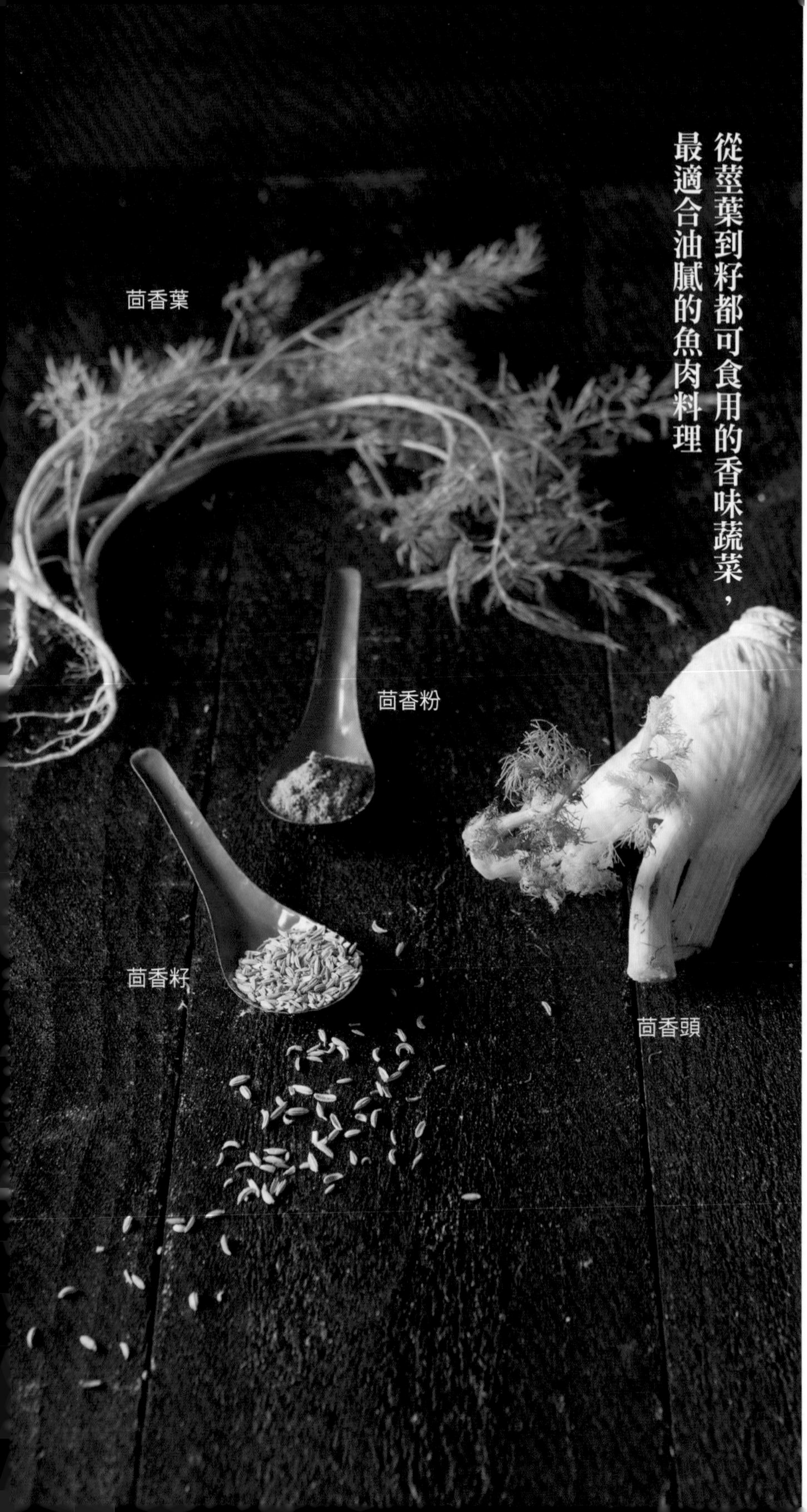

飲料　料理　烘焙　藥用

別名：懷香、香絲菜、甜茴香、茴香子

產地：原產於歐洲地中海沿岸

利用部位：葉、莖、種子

中醫將茴香當成腸胃藥，對腹脹、便秘很有效果，因茴香油可促食慾、助消化，幫助腸胃蠕動。

茴香屬繖形花科，因可消除魚肉類的腥味，讓料理添香增味，所以得「茴（回）香」之名。

新鮮茴香的莖與葉氣味清新，是營養價值很高的保健蔬菜，莖部生食脆口，葉的風味則類似於山茼蒿＋香菜的綜合體，越吃越香，可做沙拉、煎蛋、蒸魚，還可做包子、餃子的肉餡調味等；果實乾燥後磨成粉，氣味濃烈辛香帶一點辣味，乾燥處理過的茴香粉或茴香籽是印度料理常用的香料之一。

應用

- 新鮮的茴香葉可煎蛋、醃製海鮮肉類；茴香頭可做成沙拉。
- 乾燥後的茴香籽、茴香粉是印度料理裡的重要香料，同時也可做香料麵包、調酒等。
- 可製成透明無色的茴香酒兌水飲用，是地中海地區，法國、義大利、土耳其等地的文化傳統。

保存

新鮮茴香可放冰箱冷藏保存，約3-5天，香氣會隨時間降低；茴香籽、茴香粉，密封保存於陰涼，無日光直射處。

適合搭配成複方的香料

可與百里香、羅勒、迷迭香等多種乾燥香草搭配成普羅旺斯綜合香料，是法國家庭常見的綜合香料之一。

茴香葉VS. 蒔蘿葉

茴香葉

茴香葉呈細針絲狀黃綠色，有多層莖葉，蒔蘿則是從根部發展出單獨且直挺的莖，且葉片較茴香纖細，不過兩者無論氣味或長相都很相似，常彼此混用。一般多用來醃製海鮮、肉品，尤其很常用在魚類上，兩者都有「魚的香草」之稱。

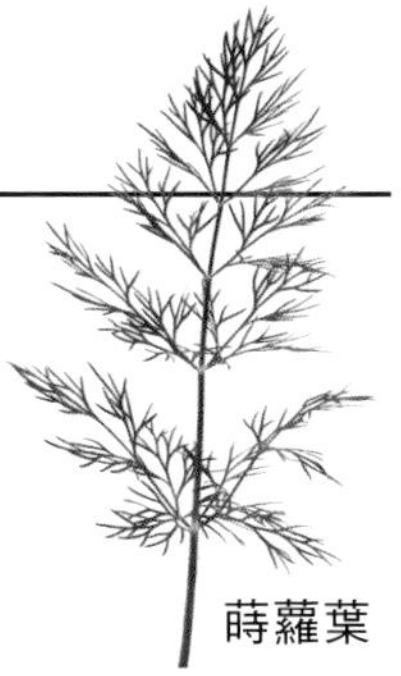

蒔蘿葉

西式茴香煎蛋

新鮮茴香含豐富鈣質，和蔬菜與蛋液入鍋香煎，氣味濃馥、味道甘甜，若將橄欖油替換成麻油，立刻變身台式風味，越嚼越香。

香料　新鮮茴香葉30公克、白胡椒粉適量

材料　雞蛋5顆、橄欖油60毫升、鹽適量

作法

1 茴香葉切1公分段狀；雞蛋打散成蛋液。

2 將茴香葉、蛋液、鹽、白胡椒粉拌勻。

3 熱鍋加入橄欖油，放入作法2混好的蛋液，以小火煎至兩面上色即可。

point

買不到新鮮茴香葉可用新鮮蒔蘿葉替代，香氣更佳濃郁。

茴香花

茴香擁有美麗的黃色花朵，可做插花等佈置，或將花朵直接浸泡於熱水後蒸臉，也有美容效果。

歐美香料

茴香蘋果沙拉

以切片的茴香頭拌沙拉，香氣濃郁，清脆口感和蘋果相當和諧，最後拌上微酸沙拉醬真有畫龍點睛的提味效果。

香料 茴香頭60公克、白胡椒粉適量

材料 紅蘋果120公克、檸檬汁20毫升、水500毫升、美乃滋50公克、酸奶油（或優格）60公克、鹽適量

作法

1. 紅蘋果去皮和茴香頭一起切薄片，泡在加了檸檬汁的水裡，約5分鐘後濾乾水分。
2. 把其他材料全部混合一起，再把1放入拌勻即可。

茴香盆栽

茴香的氣味來自於茴香醚，帶點溫和的辛味，可去腥。傳統市場裡賣的多是蒔蘿，新鮮茴香可到花市去找。

Parsley

荷蘭芹（巴西利）

Parsley

飲料　料理

別名：巴西里、洋香菜、歐芹、洋芫荽、捲葉香芹
產地：地中海沿岸、東歐、南歐為大宗
利用部位：根、葉

為料理點綴添香不可缺的基本款香味蔬菜

荷蘭芹並不是台灣人印象中的芹菜，而是俗稱的巴西利，是一種根、葉都可食用的香菜科植物，色澤翠綠，全株皆有清爽香氣，尤其根部香氣最強烈，新鮮的又會比乾燥後的氣味更濃郁，全世界有超過 30 種以上的品種，最常見的為平葉巴西利（flat-leaf parsley）、捲葉巴西利（curly-leaf parsley），富含各種維生素、鈣、鎂、鐵、葉綠素及食物纖維等營養，是很好的芳香蔬菜，從古希臘羅馬時期就已栽種，是西餐與烘焙中用途廣泛的香草植物，因不耐久煮，用法有點像台灣的香菜，多於起鍋前直接撒上提香與點綴。

➔ 平葉巴西利－義大利細葉香芹

義大利細葉香芹葉面平坦，葉沿帶齒狀，和台灣的芫荽（香菜）外形類似，有溫和的甜香味，常用於義大利等歐式料理，不管是做沙拉、麵包、肉或魚貝類、煮湯都適合。

荷蘭芹含維他命A、B1、B2、C1、鐵、鈣等營養素，對治療貧血、過敏、防衰老有幫助，也有除口臭、助消化功效。不過會刺激子宮收縮，對產後子宮復原有幫助，但孕婦應盡量避免食用。

↑ 平葉巴西利－法國細葉香芹

Chervil又叫峨蔘，屬繖形科香料植物，葉面平坦帶齒狀，較義大利細葉香芹葉再更細小，是法國料理不可或缺的香料，常切碎和其他香草混成「香草碎」使用，可為湯、醬汁及蛋料理增加風味。

↓ 捲葉巴西利－荷蘭芹

台灣一般稱的巴西利即為此種捲葉巴西利，又稱荷蘭芹、歐芹，葉面捲曲，葉沿帶齒狀，看來細緻可愛，香氣十足，除了可切碎用於料理添香外，也做為擺盤盤飾。

應用

巴西利葉的香氣不耐高溫久煮，最好是切碎後，於起鍋前加入短暫烹調，或直接撒在食物上增加香氣及點綴，完整的葉子可做為排盤裝飾之用。

保存

新鮮荷蘭芹洗淨瀝乾水分，以紙巾包好放入密封袋中冷藏可保鮮5-7天。

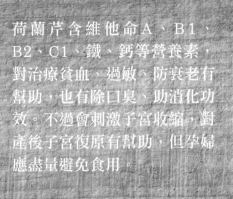

荷蘭芹清新的風味，雖不耐高溫久煮，但和剛烤出爐的小番茄結合時，更能帶出番茄的鮮香酸甜，味覺和視覺都豐富誘人。

歐美香料

蒜味荷蘭芹烤番茄

香料 大蒜5公克、荷蘭芹3公克、白胡椒粉適量

材料 小番茄160公克、橄欖油50毫升

調味料 鹽適量

作法

1 小番茄洗淨；大蒜、荷蘭芹切末，備用。

2 小番茄與大蒜末、鹽、白胡椒粉、橄欖油拌勻，放入烤盤中。

3 烤箱預熱，以180度烤作法2的小番茄約12分鐘，取出與荷蘭芹末拌勻即可。

point/

小番茄可用切塊的牛番茄替代，番茄烤過後甜味更明顯。

Flat Parsley

細葉香芹（平葉巴西利）

Petroselinum crispum

料理　烘焙　藥用　觀賞

別名：平葉香芹、平葉荷蘭芹、義大利香芹、洋香菜、歐芹、洋芫荽

產地：原產地中海沿岸，現廣泛栽種於世界各地

利用部位：莖、根、葉

細緻翠綠營養香芹，與肉類搭配可添香殺菌

西方人使用香芹就像東方人使用青蔥一樣頻繁，細葉香芹因葉型、大小不同，可分為法國香芹及義大利香芹兩種，營養價值非常高，含有維生素A、B1、B2、C及ß-胡蘿蔔素、鈣、鎂、鐵、葉綠素等成分和食物纖維，營養素含量在香料中名列前茅。

清爽優雅的香味和鮮綠色澤，除了運用新鮮葉片，也可乾燥後使用，與肉類搭配具有殺菌功效，也能促進消化，或直接添加於沙拉中食用也很棒。香芹的運用可以追溯至古羅馬時代，當時即用於烹調，也是世界上使用最廣泛的香草植物之一，不僅對地質和氣候的適應性高，栽培也容易，世界各地都有栽種並廣泛使用。

香芹的中藥屬性溫涼，葉液可護膚養髮，葉、根及種子均利尿、助消化，也可緩解風濕疼痛，並有助產後子宮復原。古老偏方以香芹調製藥糊，還能治療扭傷及創傷。

應用

- 直接生食、加熱烹調皆可，也可調製沙拉醬，以高溫油炸較能保留香氣。
- 香芹葉莖味道較重，纖維也較粗，適合用來熬高湯或是製作醬汁。
- 新鮮含水量豐富，每12公斤新鮮葉片只能製成1公斤乾燥品，料理時加入乾燥香芹香氣略減，但保存方便。

保存

- 新鮮的香芹以白報紙包起裝入袋內，置於冰箱冷藏保存。
- 乾燥香芹開封使用後，需裝入密封罐，儲存於陽光不會直射的陰涼乾燥處。

適合搭配成複方的香料

- 香草束（Bouguet garni）：月桂葉、山蘿蔔、大蒜、百里香、香芹、龍蒿。
- 細葉香芹、荷蘭芹（巴西利）、細香蔥和龍蒿這四大香草植物合稱Fines Herbs，經常用於法國料理的醬料、沙拉、湯及雞蛋中。

義大利細葉香芹 ＝平葉香芹＝平葉巴西利（Flat Parsley）

適合充足日照、排水良好、涼爽通風的地方，葉片一年四季皆可採收，並會快速長出新葉。相較於皺葉巴西利，口感細緻且較無草腥味，適用於各式料理。

歐芹＝荷蘭芹＝捲葉巴西利（Curly Parsley）

台灣說的巴西利指的多是此種歐芹，相較於細葉香芹，味道更為濃郁，常被當成盤飾使用，很多人都不知道放在盤子上的一小撮是否可食？其實可用刀叉剁碎後，搭著食物一起入口，可增加肉類風味。

歐美香料

香芹甜椒湯

細葉香芹除了適合沙拉和湯料理外，跟甜椒一起煮湯，會有淡淡的香味，還可幫助消化，顏色漂亮又健康。

香料 細葉香芹2公克、白胡椒粉適量

材料 紅甜椒180公克、大蒜10公克、洋蔥15公克、紅酒60毫升、高湯300毫升、橄欖油30毫升

調味料 鮮奶油20毫升、鹽適量

作法

1 紅甜椒去籽切成塊狀，大蒜、洋蔥切碎。

2 細葉香芹切末，起一鍋加入橄欖油炒大蒜、洋蔥碎。

3 加入紅甜椒拌均勻，倒入紅酒、高湯，煮至紅甜椒軟，再用調理機打成泥。

4 最後加入鮮奶油，鹽、白胡椒粉即可。

point

新鮮細葉香芹除入菜外，也可像我們使用青蔥般，在盛盤前切碎撒入，可增添宜人香氣，並妝點菜餚。

另一種香芹

法國細葉香芹Chervil，又稱為山蘿蔔、峨蔘，被喻為「美食家的歐芹」，是法國料理中不可或缺的香料，主要食用部位為嫩葉，有點像法國的香菜，可添加於沙拉、肉類及湯裡。

羅勒

Basil

Ocimum basilicum

香氣、味道與番茄、魚肉最速配

飲料　料理　香氛　藥用

別名：西洋九層塔、義大利羅勒

產地：原產於西亞及印度

利用部位：莖、葉

羅勒的清新氣味可改善偏頭痛，助消化及呼吸系統，作為中藥使用，可治療跌打損傷和蛇蟲咬傷。以較濃的羅勒茶漱口，可有效舒緩口腔炎的不適感。

羅勒是薄荷的近親，氣味有淡淡薄荷＋茴香的風味，類似台灣的九層塔，但較為溫和，品種繁多：甜羅勒、檸檬羅勒、紫羅勒、綠羅勒、肉桂羅勒等，不過最廣泛運用於料理的是「甜羅勒」，以製成義大利青醬的主要香料而聞名。香氣、味道與番茄、魚肉最為速配，廣泛應用在沙拉、披薩、義大利麵等料理上，而泰國與越南料理也不能少了它，烹調上因羅勒加熱容易氧化變黑，風味迅速變淡，最好在起鍋前再加才能好吃又好看，飯後來杯清爽的羅勒茶可去除油膩感。除料理外，萃取出的精油有清甜香料味，對消化系統有幫助，以香氛機擴香，吸入可提振精神，堪稱為香草之王。

應用

- 香味與番茄及魚肉最搭，這兩種食材在西餐或東南亞料理中常與羅勒搭配使用。
- 搭配松子、橄欖油可調製成義大利青醬，或和其他香草綜合調成香草醬，拌麵沾麵包都很不錯，亦可製成香草油或香草醋。

保存

新鮮羅勒裝在塑膠袋裡並放進冰箱冷藏約保存2-3日，氣味會漸漸變淡，葉子也會隨時間氧化變黑，要盡快食用完畢。

羅勒和九層塔一樣嗎？

羅勒是一種統稱，九層塔為其中一種品種，仔細比較羅勒葉較為青翠圓胖，九層塔葉則較細長，且色稍微深綠一點，香氣也有所不同。如果找不到羅勒，而以九層塔製作青醬，口感會較有澀味，氣味也偏重，沒那麼清爽。

甜羅勒

九層塔

歐美香料

羅勒乳酪番茄塔

羅勒的氣味和番茄是最佳拍檔，加上大蒜和帕瑪森乳酪粉，則可讓烤出來的氣味更豐富濃郁。

香料 羅勒5片、大蒜5公克、白胡椒粉適量

材料 牛番茄2顆、麵包粉60公克、帕瑪森乳酪粉30公克、橄欖油60毫升

調味料 鹽適量

作法

1 牛番茄切成1公分的片狀。

2 羅勒、大蒜都切碎和麵包粉、帕瑪森乳酪粉、橄欖油拌勻即成香料麵包粉。

3 牛番茄每片都撒上少許鹽、白胡椒粉，再以一層番茄、一層香料麵包粉重複動作排盤，放入已預熱好的烤箱以180度烤約5分鐘即可。

甜羅勒花

羅勒於夏秋之際會密集開花，淡雅的香氣，讓蜜蜂都忍不住來嚐一口。

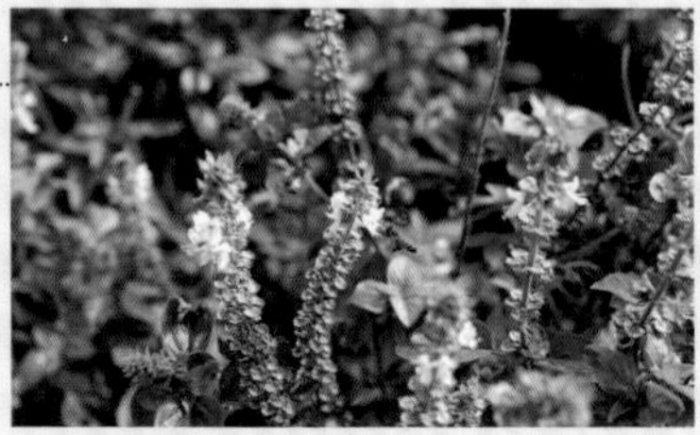

龍蒿 Tarragon

Artemisia dracunculus

料理　烘焙　精油　香氛　藥用

別名：香艾菊、狹葉青蒿、蛇蒿、椒蒿、青蒿、龍艾、法國茵陳蒿

產地：原產於西伯利亞和西亞，最優良品種為在法國栽種的「法國龍蒿」

利用部位：根、葉

可消除海鮮或肉類的腥味，在家也能做出法國味

龍蒿是歐美國家普遍使用的香草植物，香氣甜蜜且濃郁，依產地有法國龍蒿和俄國龍蒿兩種，以前者較適合做為料理香料，含有類似大茴香、柑橘、八角的甘甜芳香和胡椒般的濃烈辛辣，可幫助消除海鮮或肉類的腥味，能讓食物味道更有層次！

新鮮葉子和乾燥葉片皆可運用，龍蒿的獨特氣味，特別適合運用在雞肉、魚肉及蛋類的料理，尤其在法國使用更為廣泛，是許多醬料的基本食材之一，菜單上若看到有**à l'estragon**這串字，代表是以龍蒿調味在其中，還可做成龍蒿奶油，法國常見的煎蛋捲、沙拉淋醬都一定要用上它。

龍蒿聞來有茴香、甘草和羅勒的混合香氣，有分解脂肪的功能，可增進食慾、幫助消化，有助於治療厭食、脹氣、打嗝和胃部痙攣。尤其對女性幫助很大，獨特的香氛氣味能緩解月經疼痛和調理不適感。

應用

- 法國龍蒿的根、葉皆能食用，可泡茶、煉製精油、做為調味香料。
- 浸在白醋中做成龍蒿醋，調理食材時，即會有獨特的龍蒿芳香。
- 很適合將葉子切碎撒在烤魚、烤雞上，能幫助去油解膩，也可加在蛋料理中。
- 常見於應用調製醬料，像是tarragon butter龍蒿奶油、tarragon mustard龍蒿芥末 、龍蒿塔塔醬等，是法國料理的必備調料。

保存

- 新鮮的龍蒿葉裝入密封袋（罐）置於冰箱冷藏保存，若一次購買的量較大，可以放置冷凍庫，延長保存期限。
- 乾燥的龍蒿香料乾品，開封使用後，記得裝入密封罐，放置陽光不會直射的陰涼乾燥處儲存。

適合搭配成複方的香料

- 搭配胡蘿蔔籽、薰衣草、檸檬、迷迭香等香料植物，入菜料理或沖泡茶飲。
- 將龍蒿枝葉泡入白葡萄酒醋，即可調製成法國常用的「龍蒿香料醋」。
- 搭配義式酸豆、醃黃瓜、美乃滋調製成「龍蒿塔塔醬」。

新鮮龍蒿

龍蒿屬菊科植物，葉片扁平，深綠色，鐮刀形，株高約30-50公分，匍匐生長，又稱為龍艾，以根部褐色且蜿蜒生長如蛇而得名。

乾燥龍蒿

台灣較不易取得新鮮龍蒿，除了自家種植盆栽，購買進口的乾燥龍蒿也是很方便的選擇，尤以法國進口的龍蒿香料乾品為優。

法式鮮蝦濃湯

香料 龍蒿2公克或乾燥龍蒿1公克、月桂葉1片、白胡椒粉適量

材料 蝦殼250公克、洋蔥120公克、紅蘿蔔15公克、西洋芹15公克、番茄糊20公克、白酒50毫升、麵粉20公克、鮮奶油20毫升、奶油20公克、水800毫升

調味料 鹽適量

作法

1 將蝦殼烤成金黃色、洋蔥、紅蘿蔔、西洋芹切成塊狀。

2 起鍋放入奶油、月桂葉、龍蒿和洋蔥、紅蘿蔔、西洋芹。

3 加入烤好的蝦殼，炒至蔬菜軟化。

4 放入番茄糊炒，再加入白酒、麵粉略炒，最後加入水。

5 開小火煮約1小時過濾，加入鮮奶油再煮一次即可。

龍蒿油醋怎麼做？

30毫升白酒、90毫升橄欖油、5公克新鮮龍蒿，依喜好加入鹽巴與黑胡椒，將龍蒿放入浸泡2-3天，即成簡易的龍蒿油醋醬，可淋在沙拉上，或抹在魚片上去腥。

龍蒿氣味芬芳甘甜，且有分解脂肪的作用，很適合運用在魚肉海鮮中去油解膩，除了可在鮮蝦濃湯中去除蝦腥味外，還能讓濃湯更清新爽口。

鼠尾草 Sage

Salvia officinalis

從泡茶醃肉到精油藥用，讓人心情愉快的芳香植物

飲料　料理　香氛　驅蟲　藥用

別名：洋蘇草、藥用鼠尾草、綠葉鼠尾草

產地：歐洲南部與地中海沿岸地區、北非

利用部位：葉

point／

鼠尾草精油會擴大酒精作用，飲酒後要避免使用，且因其放鬆效果佳，需要專注時，如開車等也不建議食用。

鼠尾草氣味獨特，有鎮靜、助消化功效，因含有雌性賀爾蒙，還可舒緩婦女經痛，可殺菌、預防感冒、活化腦細胞、增強記憶力。精油因鎮靜效果強，可放鬆心情、抗菌消炎，並能調節皮膚油脂分泌，對油性頭皮或臉部粉刺、青春痘都有減輕或美容功效。

鼠尾草品種近千種，有著藍紫色的花朵，多數做為觀賞用，基本上可食用的為「普通鼠尾草」，葉子呈橢圓形有皺紋，氣味濃、有淡淡胡椒味，早期在歐洲用來取代茶葉，茶色金黃，喝來齒頰留香卻有些許苦味，現在則用來做為烹調時的辛香調味料，如同台灣使用青蔥般頻繁使用，可運用在肉類魚鮮中以抑制騷腥味，也可用來製成乳酪及飲料。

有殺菌防腐之效，德國料理常拿鼠尾草和香腸搭配，法國料理會拿來烹調白肉或放入蔬菜湯裡，中東地區則會用在烤羊肉上，認為是健康飲食。南法有句古諺語說：「家有鼠尾草，不用找醫生」，認為有延長壽命之功效，是相當好的藥用香草。

應用

- 可泡鼠尾草茶或為葡萄酒、苦艾酒等增香調味。
- 搭配肉類入菜或與奶油乳酪調成醬汁，加工製成香腸等。
- 萃取精油，廣泛運用在香水、香包、沐浴保養品等，因氣味帶有些許樟腦味，也裝成香包驅蟲。

保存

- 新鮮鼠尾草置於冰箱冷藏約3-5日保鮮期。
- 乾燥後密封裝好，置於通風陰涼處，避免陽光直射。

鼠尾草氣味強烈，不易被重味食材搶味，還有防腐、抑制腥味效果，與油膩的肉類料理最合拍對味。

歐美香料

鼠尾草檸檬蜂蜜烤雞翅

香料 鼠尾草3公克、白胡椒粉適量
材料 雞翅5支、檸檬汁20毫升
調味料 梅林辣醬油30毫升、蜂蜜20毫升、鹽適量

作法

1 鼠尾草切碎和檸檬汁、梅林辣醬油、蜂蜜拌勻成醃醬。
2 雞翅先撒白胡椒、鹽拌勻，再以作法1的醃醬拌勻醃約30分鐘。
3 將作法2放入烤盤，再放入已預熱的烤箱中以180度烤約20分鐘即可。

原生鼠尾草

鼠尾草葉呈長橢圓形，是德國香腸不可或缺的香料之一；感恩節時，西方人也會把鼠尾草塞入火雞裡，是在歐洲非常普遍的香料植物。

point/
雞翅可依個人口感喜好替換成雞小腿棒。

芝麻葉

Rocket、Arugula

Eruca sativa

充滿芝麻香，是香草植物的健康抗癌巨星

料理　榨油　藥用

別名：芝麻菜、火箭菜、箭生菜

產地：原產於地中海沿岸、西亞

利用部位：嫩葉、種子

芝麻葉在中藥裡屬性較寒涼，藥味辛、苦，功效為排水腫、清腹水，可降肺氣、尿頻等症狀，尤其對久咳特別有用。富含鈣、鐵、葉酸、礦物質與維生素等營養成分，尤其維生素C含量高，具抗氧化、抗癌等效果。

芝麻葉屬十字花科的抗癌香草，營養豐富，尤其維生素C含量高且具抗氧化作用，並促進膠原蛋白生成，可說是香草植物裡的超級巨星！芝麻葉是義大利料理中常見的蔬菜，全株散發濃烈的芝麻香氣，葉子嚼勁柔軟，主要用於生食、製作沙拉，濃烈的芝麻香氣、入口清脆，微苦、溫和的辛辣中還帶點甘甜，口感相當特別，只要吃過一次就讓人難忘，這獨特的風味讓芝麻葉常成為沙拉中的主角，或替披薩、義大利麵畫龍點睛，是種讓人越嚼越香、越吃越上癮的美味香草蔬菜！

應用

- 芝麻葉為濃郁的辛香料，可直接洗淨生食，與起司、油醋、堅果等混製成沙拉，也適合搭配三明治、披薩。
- 一經烹煮就會糊爛，水分也會溢出，若要高溫烹調，建議以麵糊沾裹下鍋快炸，還可去油解膩，風味迷人。
- 芝麻葉種子含油率高，可用來榨油。

保存

- 將新鮮芝麻菜根部直立放入水中保存，每天換水，或用塑膠袋覆蓋住葉子約可保存2天，但最好盡快用完，即鮮即食。
- 用濕紙巾包裹根部，約可保存2-3天。

新鮮芝麻菜

芝麻菜屬十字花科植物，依外型可分為鋸齒狀葉片的原生種，以及偏向圓形的改良種，原生種香氣較濃，苦味較重；改良種香氣足，苦味不重，口感較嫩。

芝麻葉有點辛辣，但口感討喜，與新鮮香草一起拌成沙拉可襯出食物香氣，且生食還可攝取大量維生素C，健康美味。

歐美香料

南法香草芝麻葉沙拉

香料 芝麻葉50公克、羅勒葉5公克、蒔蘿2公克、奧勒岡2公克、薰衣草葉2公克、白胡椒粉適量

材料 小番茄10公克、甜菜根葉2公克

調味料 檸檬汁20毫升、橄欖油60毫升、鹽適量

作法

1 新鮮羅勒、蒔蘿、奧勒岡、薰衣草葉、甜菜根葉、芝麻葉、小番茄全部洗淨後，泡冷水保持口感。

2 調味料調勻。

3 先把作法1食材濾乾水分，排盤後淋上作法2醬汁，拌勻即可食用。

Dandelion
蒲公英

Taraxacum officinale

亮黃小花蒲公英，英國最倚重的草本香草植物

料理　釀酒　藥用　觀賞

別名：西洋蒲公英、蒲公草、黃花地丁、婆婆丁

產地：原產歐亞大陸，後引進到英國、美洲和澳大利亞

利用部位：根、花、嫩葉

蒲公英有淋巴系統淨化作用，助排毒、消水腫，對尿道炎、膀胱炎、陰道炎、關節炎、莫名疲累及痠痛很有幫助。

蒲公英為多年生草本植物，花為亮黃色，由很多細花瓣組成，葉與根含豐富維他命礦物質，在中世紀歐洲人就已經用蒲公英花來釀酒，嫩葉可涼拌、燒湯或熱炒，也能拌肉做餃子餡，味道相似於西洋菜做的內餡，根部的氣味是略帶泥土的苦澀，早期歐洲人會拿根部來烘製煮茶，喝來像咖啡俗稱「代咖啡」。把根部洗淨加水、糖浸泡發酵後，喝來會有沙士的味道，不用灌碳酸就有氣泡。除了食用，更是應用廣泛的藥草植物，對人體的作用是整體性、系統性的，是英國草本舖最為仰賴的傳統藥草之一。

應用

- 嫩蒲公英葉可涼拌、燒湯、熱炒，或切碎拌肉做餃子餡。
- 搭配不同香料調配成法國香草海鹽，方便入菜調味。
- 烤乾磨成粉可泡茶，香氣特別，可解膩助消化，屬性較涼，建議夏天飲用。

保存

- 新鮮的蒲公英裝入密封袋置於冰箱冷藏保存，若一次購買的量較大，可放置冷凍庫，延長保存期限。
- 乾燥的蒲公英香料，開封使用後，需裝入密封罐，放置陰涼乾燥處儲存。

適合搭配成複方的香料

與巴西利、細葉香芹、迷迭香、百里香等香料調配出法國香草海鹽。

蒲公英入藥

蒲公英根與葉皆可入藥，葉子含有維生素A和維生素C，且富含蒲公英醇、蒲公英素、膽鹼、有機酸、菊糖等多種健康營養成分，能促進膽汁分泌進而消解脂肪。

蒲公英葉營養成分高，但味道微苦帶甘，與豬絞肉混合搭配，不只吃不出苦味，還能解豬肉油膩感，清爽宜人、有益健康。

歐美香料

英式炸蒲公英豬肉餃

香料 蒲公英20公克、白胡椒粉適量

材料 豬絞肉120公克、洋蔥50公克、大蒜2公克、紅蔥頭2公克、水餃皮12張、炸油500毫升

調味料 鹽適量

作法

1 洋蔥、大蒜、乾蔥、蒲公英切成碎。

2 用少許的油炒香洋蔥、大蒜、乾蔥至洋蔥呈金黃色，撈起備用。

3 將豬絞肉拌入炒好的洋蔥大蒜碎，放入蒲公英和鹽、白胡椒粉拌勻成蒲公英豬肉餡。

4 一片水餃皮取適量蒲公英豬肉餡包起，依序將材料用畢。

5 熱鍋放入炸油，燒至180度的油溫時，放入包好的餃子以中火炸成金黃色至熟即可。

蒲公英花

蒲公英花為亮黃色的可愛小花，生命力很強，嫩葉與花朵都可直接入沙拉生食，味道帶點淡淡苦味。

金蓮花

Nasturtium

Trollius chinenses

料理　香氛　藥用　觀賞

別名：旱金蓮、旱荷花、荷葉蓮

產地：原產於南美洲及墨西哥，中國各地均可栽種，尤以內蒙古最多

利用部位：嫩芽、花、根莖

與味濃料理搭配可清淡提鮮，觀賞入菜藥用價值高

金蓮花中醫記載性寒微涼，入藥可以清熱解毒，對扁桃體炎、急性中耳炎、急性鼓膜炎、急性淋巴管炎等炎症都有效；若以金蓮花泡水製茶湯，漱口或飲用可消口臭。

金蓮花為多年生藤蔓植物，是夏季的觀賞花卉。因葉片外型與蓮花相似而得名，生長在緯度較高的旱地，花朵有黃橘紅白等顏色，氣味芳香，味辛微苦，有點類似去掉嗆味的芥末，嫩芽、花朵、根莖都可以食用，含有維生素C、鐵及多種人體必需的營養素，與味濃的肉或魚搭配可清淡提鮮，營養豐富，地下根莖含豐富澱粉，可以替代馬鈴薯煮濃湯。

金蓮花整株皆可入藥，常用於急性炎症，提煉出的精油成分，能改善情緒、增強元氣，是經濟價值極高的辛香調味花草。

應用

- 花朵可生食涼拌或搭配其他香草泡茶，例如：金蓮薄荷茶。
- 嫩芽與莖可炒食，搭配入菜調味。
- 萃取製成金蓮花膠囊或藥片，天然植物抑菌良藥。

保存

將新鮮花朵根莖泡水，再裝入袋中放入冰箱冷藏，可延長保鮮期。最好的是自家栽種，現採現用最佳。

金蓮花葉

金蓮花、葉嚐起來有芥末的滋味，味道特殊，因葉型與蓮花相似，因而得名。

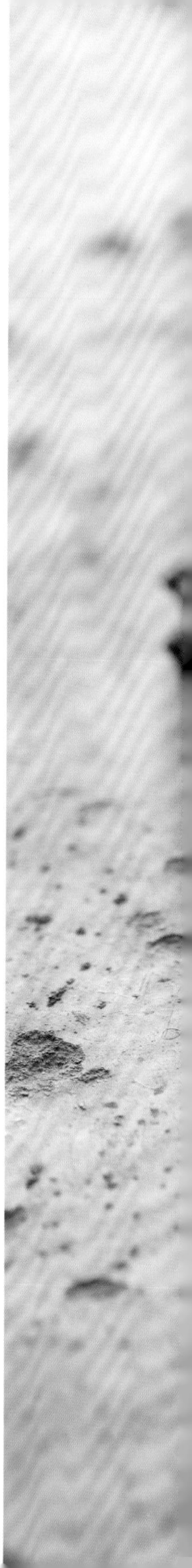

金蓮花鮪魚三明治

將新鮮的金蓮花夾在鮪魚醬裡，吃花的同時好像也替鮪魚加了一點去油解膩的芥末香氣，少了嗆辣卻提味增香，很是奇妙。

香料　金蓮花10公克、白胡椒粉適量

材料　油漬鮪魚（罐）120公克、洋蔥50公克、酸黃瓜30公克、全麥土司（或白土司）6片

調味料　美乃滋60公克、鹽適量

作法

1 洋蔥、酸黃瓜切碎，油漬鮪魚去油。

2 把鮪魚、洋蔥、酸黃瓜加美乃滋、鹽、白胡椒粉拌勻。

3 全麥土司塗鮪魚醬，最上面放上金蓮花即可（重覆此動作將土司用畢）。

point

1.土司內餡可依個人口味調整，但以白肉魚及海鮮最搭。

2.不愛酸黃瓜口味可用小黃瓜片取代。

玫瑰天竺葵

Rose Geranium

Pelargonium roseum

料理　香氛　驅蟲　藥用　觀賞

別名：香葉天竺葵、老鸛草、防蚊樹、洋葵

產地：原產南非好望角附近，現於世界各地普遍栽培

利用部位：莖、花、葉

氣味香甜，能療癒胃口、也能紓壓心靈

天竺葵有調整腹部荷爾蒙系統功能，對婦科疾病十分有用，且可利尿，幫助肝、腎排毒，還能刺激淋巴系統避免感染，排除廢物。對皮膚再生也有良好效果，可消緩發炎、濕疹、面皰、曬傷、傷口感染與水泡，還可保濕。不過天竺葵能調節荷爾蒙，懷孕期間不用為宜。

天竺葵藥性味苦、澀、涼，帶有檸檬香甜味，有點像玫瑰，又稍稍像薄荷，被大量培植，利用蒸餾葉子來提煉精油，有多種氣味，包括玫瑰、柑橘、薄荷、椰子、豆蔻，與多種水果味，其中以玫瑰天竺葵的葉質較嫩，是少數適合生吃的品種，嫩葉沾粉油炸，更是一道好吃的點心。天竺葵精油也能帶來安全與舒適感，可提振精神並鼓勵人們勇於表達自我，當做薰香或是香水使用能化解悲傷的情緒，除了能食用，更是療癒心靈的特殊香草植物。

應用

- 沖泡茶飲、調配飲料，以及製作蛋糕、天然果醬。
- 食用的方式有：生吃、煎烤、醃漬、醬料、甜點、泡茶等。
- 天竺葵富含芳香油，可提煉香料、精油，有助紓解壓力，平撫焦慮、沮喪，提振情緒。也可製作香草沐浴、護膚用品與乾燥花。

保存

新鮮的天竺葵嫩葉，可用白報紙包起裝入袋內，置於冰箱冷藏保存。

適合搭配成複方的香料

佛手柑、羅勒、迷迭香、玫瑰、野橘、檸檬、廣藿香和薰衣草等香草植物。

玫瑰天竺葵花

天竺葵精油是從花、葉子與枝幹中以蒸氣萃取出來的，顏色是很漂亮的淡綠色，萃取成精油後，能幫助抗憂鬱、殺菌、抗感染、驅蟲、止痛，其重要性被形容為平民的玫瑰。

玫瑰天竺葵是少數適合生食的品種，比一般天竺葵多些玫瑰香，有著獨特花香調，很適合作甜點，煮出來有股隱約的溫柔浪漫香氣，如果再加一點肉桂就會很像蘋果派！

歐美香料

鐵板蘋果玫瑰天竺葵

香料 玫瑰天竺葵葉

材料 新鮮蘋果160公克、奶油15公克

調味料 白細砂糖30公克、檸檬汁10毫升

作法

1 新鮮蘋果去皮去籽開二，玫瑰天竺葵洗過擦乾切碎。

2 起鍋放入白細砂糖加熱，待糖慢慢融化，當糖轉化成茶色把蘋果放入。

3 待蘋果成咖啡色澤後加入檸檬汁和奶油，再撒上玫瑰天竺葵碎即可。

檸檬馬鞭草

Lemon Verbena

Aloysia triphylla

飲料　料理　香氛　驅蟲　藥用

別名：防臭木、香水木、馬鞭梢、鐵馬鞭、白馬鞭

產地：原產於南美洲、阿根廷南部和智利，現廣泛種植於歐洲及熱帶地區

利用部位：莖、葉

可做檸檬替代品的香草茶女王

檸檬馬鞭草氣味清新、味微苦，沖泡花草茶有靜定安神、利尿、刺激肝膽功能，也被運用成減肥茶或拿來解酒；精油用以薰香時，聞來能讓人心情開朗，對於皮膚與髮質有軟化作用，但對過敏性皮膚者會過度刺激，應避免使用。

馬鞭草種類繁多，當成香草且可食用的為「檸檬馬鞭草」，是原產自南美的落葉灌木，葉片狹長有鋸齒狀，因含檸檬醛、香葉醇、檸檬精油等成分，所以有強烈清新檸檬香，就算乾燥後也不會消失，有鎮靜舒緩情緒的效果，主要利用方式是替代檸檬，取莖葉切碎後與白肉一起烹煮，添加在糕點中或泡酒、泡醋以豐富味道，或做冷盤、飲料的裝飾，以前歐洲貴族宴客時便常以馬鞭草葉做為洗指水。沖泡成花草茶可消脹氣、提神醒腦，受歡迎的程度使其具有花草茶女王的美名，唯會促進子宮收縮，孕婦應避免飲用。

應用

- 檸檬馬鞭草在料理上可用於醃製白肉、調製醬料、增加甜點風味。
- 沖泡香草茶或替果汁雞尾酒增加風味。
- 提煉成精油當薰香、按摩用，並廣泛運用在沐浴乳、洗髮精、香水、室內去味香包等。

保存

新鮮檸檬馬鞭草可用白報紙裝好放入袋內，置於冰箱冷藏；乾燥後密封裝好，置於陰涼處，避免陽光照射。

馬鞭草法式煎餅

香料　馬鞭草3公克

材料　低筋麵粉200公克、發粉3公克、雞蛋2顆、牛奶150毫升、溶化奶油30公克、沙拉油10毫升

調味料　鹽2公克、糖50公克

作法

1. 馬鞭草切碎備用。
2. 蛋黃、蛋白分開，蛋白打發備用。
3. 過篩麵粉加入蛋黃、鹽、糖、發粉，再慢慢加入牛奶拌打均勻後，拌入打發蛋白和溶化奶油、馬鞭草碎，靜置25分鐘。
4. 準備平底鍋加熱，以擦手紙沾沙拉油擦平底鍋，放入適量作法3麵糊成圓餅狀，以中火煎至表面產生小氣泡略膨脹時，翻面煎至上色即可。

馬鞭草薄荷枸杞茶

材料　枸杞5粒、水250毫升、蜂蜜適量

香料　馬鞭草5片、薄荷葉5片

作法

馬鞭草、薄荷葉、枸杞以滾開的熱水沖泡至出味後，飲用前依個人口味加入蜂蜜即可。

馬鞭草有天然的檸檬清香，最適合做烘焙點心，
香甜氣味瀰漫滿室，幸福感無可取代，煎餅還可
佐以酸甜新鮮水果搭配，更是好吃。

薄荷

Mint

Mentha

帶有沁涼香氣，是香料也是藥草

飲料　料理　香氛　驅蟲　藥用

別名：蘇薄荷、銀丹草、土薄荷

產地：西班牙、義大利、法國、美國、英國、巴爾幹半島、中國等地

利用部位：莖、葉

中醫用薄荷作為發汗解熱劑，有清涼提神效果，用於治療感冒、頭疼、喉嚨痛、牙齦腫痛等；外用則可治療神經痛、皮膚騷癢等症狀，但若用量過大，皮膚會有輕微刺灼感。

薄荷為唇形花科多年生草本植物，品種繁多，以綠薄荷、胡椒薄荷最具代表性，全草富含薄荷醇等揮發油成分，使氣味清涼具穿透力，是廚房裡的料理調味香草，當成沙拉就是餐桌上的清爽蔬菜，也是中醫常用良藥，內用外服療效都好，這特殊香氣可提神醒腦、舒緩疲勞、消脹氣，能使口氣清新，還能防止病蟲害，最適合在炎炎夏日中製成清涼冰飲，精神舒暢。

應用

- 烹調上可做醃製、煎炒、燒烤或湯品的調味，亦可沖茶、搭配飲料。
- 提煉芳香精油，加工製成口香糖、牙膏及各款沐浴用品。

保存

- 薄荷相當好種植，最好是在家中以水或土植栽一盆最好。新鮮薄荷葉以袋裝好，置於冰箱冷藏可保存數日。
- 乾燥後密封裝好，置於通風陰涼處，避免陽光直射。

其他薄荷品種

綠薄荷（Spearmint）

台灣俗稱香薄荷，也就是荷蘭薄荷，葉片較胡椒薄荷大，有細小鋸齒邊，是薄荷中最具甘甜味的，適合製作輕食與泡茶飲用，可加在生菜沙拉、冰淇淋、調味醬汁、雞尾酒或花草茶中。

胡椒薄荷（Peppermint）

原產於歐洲，是綠薄荷、水薄荷的雜交品種，葉片較軟無縮皺，除清涼氣味外，還帶有淡淡胡椒香而得名，做為藥用居多，或是為烈酒添香。

歐美香料

辣椒天使麵佐胡椒薄荷

胡椒薄荷味道重又刺激，搭配辣椒、大蒜等重口味香料一起滲入天使麵中，就算沒有醬汁也會高喊歐伊西！

香料 大蒜3公克、紅辣椒8公克、胡椒薄荷5公克、白胡椒粉適量

材料 義大利天使麵100公克、橄欖油25毫升、水600毫升

調味料 鹽適量

作法

1 大蒜、紅辣椒都切成片狀。

2 水煮滾放入鹽和橄欖油，再放入義大利天使麵，煮約4-5分鐘後濾乾水分。

3 起鍋加入橄欖油、大蒜、紅辣椒炒出香味，再加入天使麵拌均勻，最後放入鹽、白胡椒、薄荷調味拌勻即可。

香薄荷沁涼甘甜，搭配蔬菜豬肉一起入口，味道清新爽口，香氣十足。

歐美香料

香薄荷煎藕餅

香料　香薄荷5公克、紅蔥頭10公克

材料　豬絞肉120公克、煮熟蓮藕80公克、蝦米50公克、蛋1/2顆

調味料　玉米粉15公克、鹽適量、糖3公克

作法

1. 蝦米先泡水過濾，香薄荷、紅蔥頭切碎。
2. 豬絞肉、作法1材料和1/4蛋液、鹽、糖拌在一起成肉餡。
3. 煮熟蓮藕片先沾玉米粉，兩片的中間包入適量肉餡，外面再沾一層玉米粉和剩下的蛋液。
4. 熱鍋，放入適量油燒熱，將作法3以中小火煎至兩面上色，再放入已預熱的烤箱以180度烤約8分鐘即可。

香草 Vanilla

Vanilla planifolia

料理　烘焙　香氛　藥用

別名：香莢蘭、香草、香子蘭、香草蘭、冰淇淋蘭花、梵尼蘭

產地：原產於墨西哥埃爾塔欣地區，馬達加斯加是目前世界最大的香草莢出產國

利用部位：香草豆莢

從甜品、飲料到料理，全方位應用的黑色香料皇后

香草是世界上非常重要的食用香料，來自於香莢蘭發酵後的果莢，香味濃郁持久。其香味源自豆莢裡名為香草精的化合物，鮮豆莢沒有什麼香味，需要經過殺青、發酵、烘乾、陳化等繁瑣冗長的加工過程，才能製作出散發濃郁香氣的香草莢，是非常費人工和時間的昂貴食用香料，高貴程度僅次於番紅花。

香草的運用範圍非常廣泛，不單是甜品蛋糕、菜餚料理的必備香料，也是名酒、香水、化妝品，甚至是醫療用品的原料，因此貴有「香料皇后」的美譽！

香草莢含有250種以上的芳香成分及17種人體必需的氨基酸，具有極強的補腎、開胃、除脹、健脾等醫學效用，是非常天然的滋補養顏良藥。

應用

- 香草的豆莢，又叫香草枝，因為開花授粉後的豆莢才是重要的應用部位，又須經過多道發酵等加工程序才能成為香草莢，是非常名貴的香料，有廣泛的應用方式。
- 黑色的豆莢中含有無數黑色種籽，少量入菜或製作甜點就能得到非常大的提香效果。
- 整根香草莢香氣濃郁，可直接和糖放入密封罐裡（或取籽切段後的豆莢亦可），讓香草味道慢慢釋放，即可自製香草糖；或浸泡烈酒，就是風味絕佳的自然香料，做甜點、喝咖啡皆十分好用。

保存

新鮮香草莢的保存方式需特別注意：避免陽光直射、接觸空氣，10-15度是最佳保存溫度，台灣氣候較濕熱，如要放冰箱冷藏，一定要裝在密封袋，再放入密封玻璃罐保存，或是直接放入脫氧真空袋，保鮮效果更好。

適合搭配成複方的香料

香草的搭配應用非常廣泛，只要常用於甜品蛋糕的香料植物，皆適合調製複方如：羅勒、薄荷、百里香、迷迭香、巴西利（荷蘭芹）、薰衣草等等。

辨別香草莢等級

「長度」是首要條件，22公分以上為極品，14公分以下的香草莢為一般品。

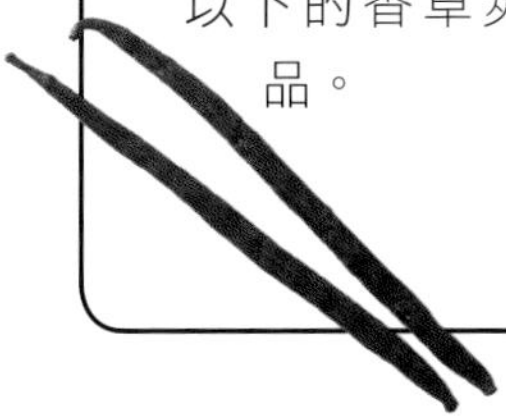

天然香草精

使用純香草豆莢製成，一瓶香草精約使用20支天然香草豆莢，經食用酒精、蒸餾水泡製而成。天然的香草精，在包裝上一定會有 Natural、Nature或Pure等字樣，選購時可特別留意標示。

法式香草白酒奶油雞塊

香料　香草莢1根或香草精3毫升、新鮮百里香3公克或乾燥百里香2公克、紅蔥頭3公克、白胡椒粉適量

材料　雞胸肉160公克、培根60公克、洋蔥80公克、奶油20公克、鮮奶油150毫升、白酒100毫升、洋菇50公克、橄欖油20毫升

調味料　鹽適量

作法

1 雞胸肉切大塊後，撒鹽、白胡椒粉抹勻；洋蔥與紅蔥頭切碎；培根切條；洋菇切塊，備用。

2 香草莢從中間剖開取籽備用（香草莢保留）。

3 熱鍋，平底鍋放入橄欖油、奶油，加入培根、洋菇和作法1的雞胸塊，以中小火煎至肉上色。

4 再放入洋蔥與紅蔥頭碎，加入百里香、白酒、香草莢籽，在鍋中煮10分鐘至香氣散出時，加入鮮奶油煮15分鐘，最後放上香草莢裝飾即可。

point/

1.取出香草籽的方法是先將香草莢縱向剖開，再利用刀子尖端部分，輕輕將香草籽刮出。

2.參考使用的比例份量：一根重約2克的香草莢，可以製作約2000克的霜淇淋或1個8吋的起司蛋糕。

3.選購時要挑整根黑色、莢體飽滿，形狀寬扁、碩圓都好，但要有肉質感，表皮薄而平滑、有光澤。抓過香草莢的手指會殘留棕色黏液，擦掉後香味仍停留指尖不散者為優質品。

印象中香草較常運用在甜點或冰淇淋裡，其實香草籽搭配清淡的雞肉，與鮮奶油混合，可是法式料理的常見做法呢！今天就讓我們來試試這道家常的白醬料理吧。

肉桂

Cinnamon

Cinnamomum Cassia

甜美微嗆，適合增添肉類與甜點香氣

飲料 料理 烘焙 精油 香氛 驅蟲 藥用

別名：玉桂、牡桂

產地：中國、印度、印尼、越南及斯里蘭卡等地

利用部位：樹皮

肉桂在中醫應用上可散寒止痛、暖脾胃，亦可改善血液循環不良、手腳冰冷的問題，且有降低膽固醇、降血糖等功效。

肉桂屬樟科，氣味辛香，產地不同則有不同的辛香程度，其中栽種於斯里蘭卡的錫蘭肉桂相較於中國、印度等地生產的肉桂，風味更加香甜濃郁，少了灼辣感，也含有較少的香豆素。

歐美料理中，肉桂很常用來做甜點或燉水果，歐美人聖誕節一定要喝的香料熱紅酒裡一定有肉桂香氣。其他料理也很常用到，比如在中東，肉桂經常用於調理雞肉與羊肉；印度咖哩、印度奶茶裡也常看到肉桂的身影；台式滷包內也幾乎不會少了肉桂這一味，因其帶有甜味的特性，不管是甜點餅乾或直接加入蘋果茶內攪拌飲用都很適合。

應用

- 肉桂棒為樹皮曬乾後捲成條狀，須經熬煮味道才容易散發出來，可用於燉煮或熬湯料理上，提升肉類的風味。
- 肉桂磨成粉狀後更方便使用，除可用於咖哩或飲料的調味，還可直接撒在甜點上。
- 台式滷包的重要香料之一。

保存

肉桂棒最好放置於密封盒或玻璃罐內，且避免陽光直射。肉桂粉也是密封保存避免受潮。

適合搭配成複方的香料

可與小茴香、丁香、八角、肉豆蔻等香料調製的咖哩搭配作為肉類的調味；製作糕點時則可與薑、香草等香料搭配。

肉桂加上一點點的丁香和紅酒是絕配，很適合搭配梨子、蘋果或柑橘做成熱的甜品。不想加水果的話，單純做香料紅酒在冬天喝也很幸福。

歐美香料

法式肉桂紅酒西洋梨

香料 肉桂棒1支、香草莢1/2支、黑胡椒粒6粒、丁香2粒

材料 西洋梨3顆、紅酒500毫升

調味料 糖120公克、柳橙汁100毫升

作法

1 西洋梨去皮備用。

2 將糖放入鍋內煮成棕色，再放入柳橙汁、紅酒和所有香料。

3 把西洋梨放入鍋中以小火煮約30分鐘即可。

point/

西洋梨如果不好買，可用水梨或蘋果替代。

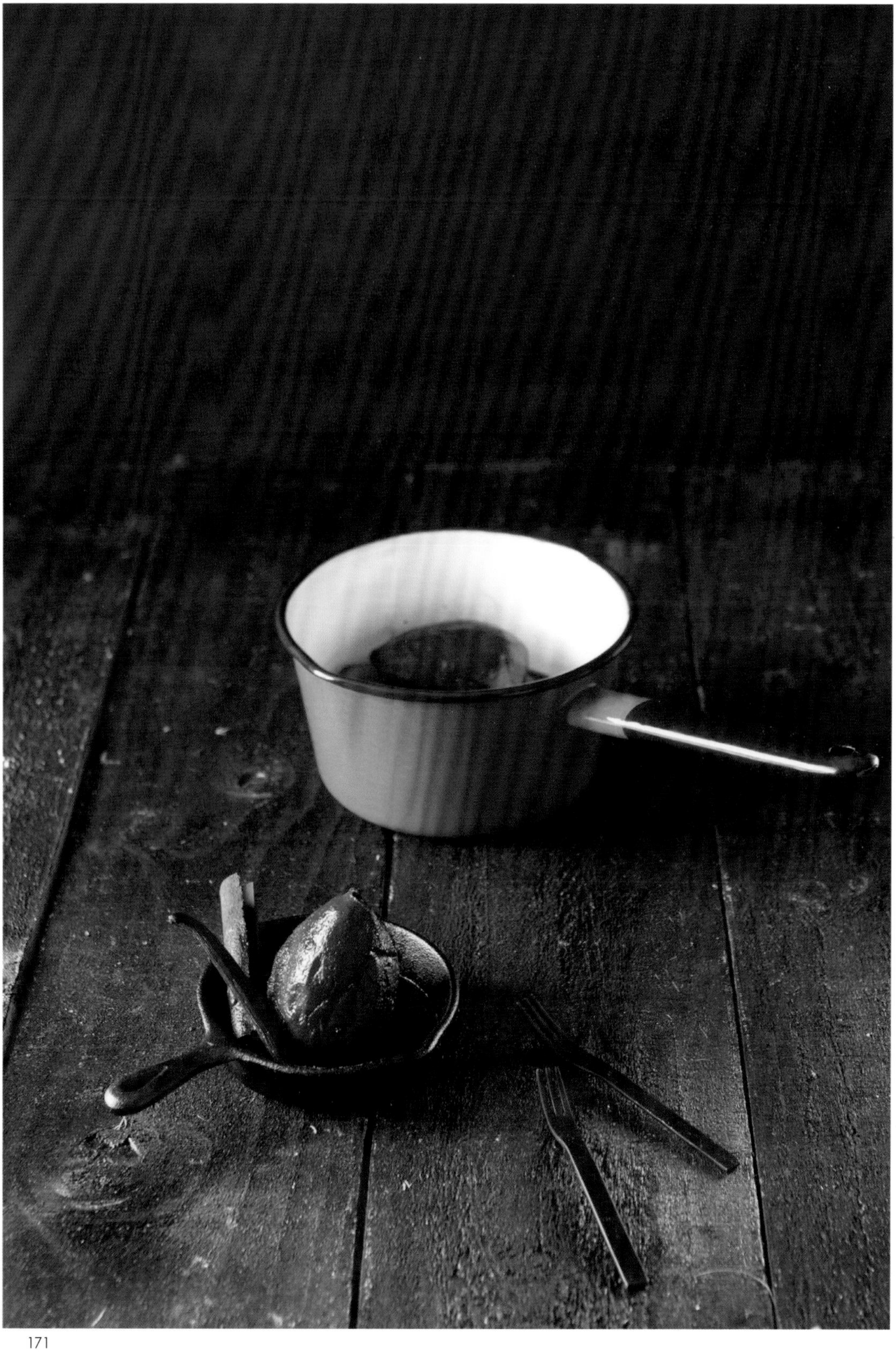

魚腥草

Hot Tuna

Houttuynia cordata

飲料　料理　藥用

別名：蕺菜、臭臊草、十藥、折耳根

產地：中國大陸、日本、琉球、中南半島、台灣

利用部位：莖、葉

煮過就沒腥味的香料，神奇的天然抗生素

魚腥草味辛性微寒，中醫內服可清熱解毒、紓緩呼吸道疾病，又因含豐富的鉀，可利尿消水腫，解決因鹽分攝取過多造成的疾病；外用則可治療皮膚過敏。

心型葉片

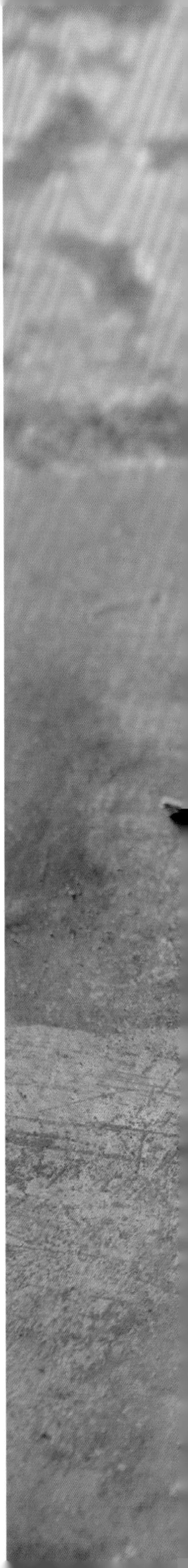

魚腥草為多年生草本植物，因其根莖搗碎時會散發魚腐臭味而得名，但經高溫滾煮或曬乾後腥味就會消失，在台灣常見魚腥草茶，可治療感冒咳嗽，日本會將新鮮的葉片油炸後做為野菜天婦羅，當成健康食材食用。

散發魚腥味主要是含有能抗菌的葵醯乙醛，中醫上的藥用價值相當高，能增強身體抵抗力，清熱解毒又固肺，被稱為天然的抗生素，若以魚腥草泡澡或將葉片搗碎，將汁液塗擦皮膚，還可改善皮膚過敏，如蕁麻疹等，還有美白功效。

應用

- 新鮮魚腥草稍微汆燙就能去除腥味做成野菜食用；乾燥魚腥草可沖泡成茶飲、釀酒，燉雞湯等，是青草茶裡的常用材料。
- 將魚腥草萃取加工做成化妝保養品，有抗敏感、美白效果。

保存

乾燥魚腥草置於密封罐內，放於陰涼處可保存1-2年。

歐美香料

魚腥草洋芋煎餅

香料 乾魚腥草3公克、黑胡椒碎適量、粉紅胡椒碎適量

材料 馬鈴薯180公克、奶油15公克

調味料 鹽適量

作法

1 乾魚腥草切碎、馬鈴薯去皮，切薄片後切絲備用。

2 切絲的馬鈴薯加鹽，稍微等一下讓馬鈴薯出水後瀝乾水分，再放入黑胡椒、粉紅胡椒碎和乾魚腥草。

3 熱一圓型平底鍋，放入奶油、馬鈴薯絲用鍋剷壓平，再整成和鍋緣差不多的圓型，以小火慢煎，煎至兩面上色至熟即可。

魚腥草花

魚腥草為重要的藥用植物，開黃白色小花。

point

這道菜不用麵粉，直接以馬鈴薯的澱粉塑型，不過馬鈴薯要切細絲，切成粗條的話容易散掉。

氣味獨特的魚腥草經高溫滾煮或曬乾腥味即消失，搭配馬鈴薯做成脆脆的煎餅，調味時添上胡椒的香辣氣味，暖身健康又風味十足。

歐美香料

魚腥草菊花茶

魚腥草乾和菊花、金銀花乾都可在中藥行或草藥行買到。

香料　魚腥草乾20公克、菊花15公克、金銀花10公克
材料　滾水600毫升

作法

1 把全部香料放在茶壺裡，水滾開後沖進茶壺。
2 靜置一下，讓香草們出味，水的顏色變金黃色即可。

歐美香料

蘋果水梨煲魚腥草

魚腥草是常見的煲湯食材，有抗菌消炎效果，養生又健康。

香料　魚腥草乾25公克、羅漢果適量
材料　蘋果160公克、水梨160公克、無花果乾60公克、水2公升

作法

1 蘋果、水梨去籽切塊，無花果乾開二，備用。
2 鍋內放入水和羅漢果及作法1，煮開後以中火續煮10分鐘。
3 後再加入魚腥草，以小火煲15分鐘即可喝湯汁。

point/

1.魚腥草也可煲魚湯，將蘋果、水梨換成鱸魚即可。

2.魚腥草直接使用鮮品容易有腥味，建議使用魚腥草乾。

杜松子

Juniper berries

Juniperus communis

以琴酒和德國酸菜聞名的藥用香料

飲料　料理　香氛　藥用

別名：杜松、剛檜、松楊、香柏松、歐刺柏

產地：義大利、法國、匈牙利、南斯拉夫以及北美加拿大

利用部位：種子

杜松子是強大的抗氧化劑，抗菌、排毒（發汗）、利尿（排水），被認為對緩解與腎臟、膀胱或尿道相關病症非常有效，孕婦需避免食用。

杜松子是歐刺柏的果實，廣泛生長在北半球，歐洲北部、亞洲、北美都有其蹤跡，古埃及人以它做消毒劑，古希臘、西藏都以焚燒杜松子來杜絕傳染病蔓延，為當地重要的藥用香料。

杜松子果實由綠轉藍黑色成熟果實需2年，聞起來氣味清新略帶辛辣木頭味，嘗來刺鼻微苦，除是藥材外，也是調製飲料的添加物或醃製食材的調味香料，尤其適合搭配騷味重的肉類燉煮，更是琴酒的主要調味成分，亦能製成芳香精油提振精神。

應用

- 在歐洲常用於醃製食材的醬汁或燉煮肉類、泡菜的調味，如德國豬腳即是一例。
- 可沖泡成花草茶，亦可製成杜松子酒，即為著名的琴酒（Gin）。連啤酒、白蘭地也有人以杜松子調味。
- 萃取出的精油，可收斂、殺菌、解毒，對於治療青春痘頗有效果，芳香氣味可提神和抗憂鬱，改變心情。也可製成膠囊、藥膏或塗劑等多種型式。

保存

果實乾燥後，密封裝罐置於陰涼通風，不被太陽直射處。

酸菜裡加入杜松子是德國正統作法，杜松子香味可增加料理鮮味，歐洲很多醃漬菜和德國酸菜都喜歡用杜松子來提鮮及解油膩，拿來佐德國豬腳更是美味。

歐美香料

德國酸菜佐水煮馬鈴薯

香料 杜松子5公克、丁香2公克、月桂葉1片、白胡椒粉適量

材料 高麗菜350公克、培根120公克、洋蔥80公克、橄欖油50毫升、馬鈴薯1顆、水100毫升

調味料 白酒120毫升、白酒醋100毫升、鹽適量

作法

1. 高麗菜、洋蔥、培根切絲；馬鈴薯切塊煮熟，備用。
2. 用乾鍋炒香杜松子、丁香至香味散出後，放入橄欖油、培根、洋蔥、高麗菜，炒至洋蔥呈金黃。
3. 放入月桂葉，加入白酒、白酒醋和水，燉煮至月桂葉香氣釋放。
4. 最後加入鹽和白胡椒粉調味即可。

point/

先乾鍋把杜松子的味道炒香，再放入其它材料讓鍋氣融入食材，最能表現料理香氣，層次豐富。

辣根 Horseradish

Armoracia rusticana

溫和嗆辣的西方芥末，山葵醬原料替代品

料理　藥用

別名：西洋山葵、馬蘿蔔、山蘿蔔、粉山葵

產地：歐洲東部和土耳其

利用部位：葉、根、種子均可食用，主要以地下根莖為調味辛香料

辣根味辛，性溫，是消脹氣的腸胃良藥，也有利尿、興奮神經的功效，含有人體所需的多種營養素，有抗癌效果。

辣根是十字花科辣根屬，多年生宿根耐寒植物，嫩葉可做蔬菜食用，辣根的根質肥大，肉為白色，具有刺激鼻竇的香辣氣味，磨一磨吃起來類似芥末，卻較為溫和，也是山葵粉、山葵醬原料之一，根部磨成糊狀的辣根泥可和白醋、乳酪、蛋白等調成辣根醬，有白色芥末的稱號，常用於西餐的魚、肉調味增香，還能防止食物腐敗。

新鮮的辣根味辣氣味嗆濃，建議每次酌量食用，而孕婦及有消化道潰瘍者應避免食用，以免刺激性食材對身體造成不良反應。

應用

- 嫩葉可做生菜沙拉。
- 地下根莖磨碎後與乳酪、蛋黃可調成辣根醬佐餐。
- 可加工做成辣根片、辣根粉等調味料，辣根粉溶水後很辣，是山葵粉的原料。

保存

鮮辣根包好置於冰箱冷藏保鮮，根會隨著木質化漸漸變硬。不過鮮辣根在台灣幾乎買不到，可用罐裝辣根醬取代，冷藏保鮮。

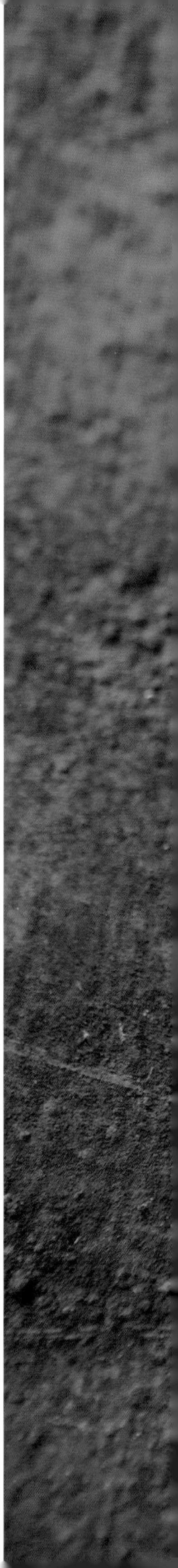

歐美香料

酥炸雞柳佐辣根醬

辣根醬溫和的酸辛辣與鮮奶油混合可讓香氣提升，搭配以檸檬汁醃過的炸雞柳條，可消化炸物的油膩感，讓人一口接一口。

香料 辣根醬50公克、白胡椒粉適量

材料 雞胸肉160公克、大蒜15公克、蛋液2顆、白酒60毫升、中筋麵粉60公克、麵包粉120公克、檸檬汁30毫升、炸油500毫升、鮮奶油100毫升

調味料 鹽適量

作法

1 雞胸肉切條狀；大蒜切碎備用。

2 將雞胸肉條、大蒜碎與白酒、檸檬汁、鹽、白胡椒粉抓勻，醃約15分鐘。

3 醃過的雞柳條依序沾上中筋麵粉、蛋液、麵包粉。

4 熱油鍋到約180度時，放入作法3以中火炸雞柳條至熟。

5 鮮奶油打發成霜狀，再加入辣根醬拌勻。

6 將調好的辣根醬附在炸好的雞柳條旁，沾食調味即可。

point/

辣根醬除了可沾炸物外，烤牛排時也可附帶在旁佐食，一樣可去腥，增加牛肉風味。

PART 3

南洋料理的香料日常

酸酸辣辣的滋味，是南洋料理予人的重要記憶點。羅望子的酸、青辣椒的辣、佐以香茅、萊姆葉、南薑、刺芫荽，再配上常用的魚露、椰漿等，譜出讓人一想起，唾液就輕輕分泌的好味道。

在東南亞的傳統市場裡，每一攤幾乎都能買到家庭所需的新鮮香料。攝影／歐陽如修

傳統市場裡的新鮮南薑

產地特權，新鮮的味道才好

文／歐陽如修、馮忠恬

東南亞氣候溫暖，良好的農作條件讓這裡自古以來便是世界的香料王國，原產於此地的豆蔻、丁香、肉桂…等，都是讓西方趨之若鶩的香料作物，有趣的是，這些備受各地青睞的乾燥香料，卻不是東南亞形成飲食特色的主力，比起乾燥及磨粉，「新鮮的」味道才好，是東

南亞朋友的共同說法，之所以可以如此肯定與嘗「鮮」，正來自於他們是生產豐饒香料的主要產地。

南薑、檸檬葉與香茅，是南洋料理最常用到的三種香料，不過南洋料理裡的香氣，除了香料外，烹調時廣泛運用的調味料，如：魚露、蟹肉醬、蝦醬、椰漿等也是創造豐饒氣味的絕佳幫手。比起印度或日本咖哩，南洋咖哩香料與調味料的拿捏更具分寸，如何創造出酸香辣的平衡氣味，考驗著主廚的功力。

不像印度咖哩喜歡以香料直接調香（在印度沒有咖哩塊），南洋料理會做成粉狀或膏狀方便使用，且隨著地區不同，會加入如羅望子、魚露、月桂葉、椰漿等不同材料，以泰式咖哩來說，綠咖哩以新鮮的青辣椒為主軸，紅咖哩則以乾燥的紅辣椒為主調，再加入如檸檬、南薑、大蒜等辛香料。

南洋料理：講究新鮮度與香味的平衡飽滿

無論泰國、印尼、馬來西亞⋯的傳統市場，都是找尋新鮮香料的最佳地點。手感鮮嫩的香茅、還透著水氣的南薑、飽滿清香的檸檬葉⋯一把10銖，還是得看了摸了聞過了，才能從好中挑出最好的。這些在台灣難以尋得的新鮮香料，都是東南亞生活裡隨處可得的必備食材。

南洋料理講究新鮮度與香味的平衡飽滿，雖然東南亞各國的香料選項大致相似，但根據比例及調配的差異，創造出各國不同的飲食個性：泰國菜夠味，印尼菜濃郁，越南菜淡雅卻醇厚，馬來西亞與新加坡融合華人、印度及當地香料特色，柬埔寨質樸圓潤，緬甸紅通通的醬汁卻有意想不到的溫和。除此之外，每一國也有自己的秘密武器，如泰國的綠茄、印尼的石栗，

泰國著名的海鮮酸辣湯「冬蔭功」，裡面有檸檬香茅、羅望子、南薑等，香氣十足。

曼谷丹嫩莎朵水上市場（Damnoen Saduak Floating），船上的小販賣有不少以香料調味而成的泰國食物。

獨特的香味及口感，彷彿在這一片香料舞台上插旗宣示自己的獨一無二。但就在酸、甜、鹹、辣的平衡中，各種繁複的香味使用，往往沒有真正制式化的規定；那個多一點、這個少一撮，看似無關痛癢的加減拿捏中，掌廚人舌尖上的經驗，成為味道是否「對了」的最精確依據。

重視香料的食療效果

南洋使用香料的歷史起源於西元前三千年，古印度的醫學吠陀經。遠古時期的香料多用於醫療、防腐與薰香，其具有刺激性的香氣，不但可以賦予食物獨特的風味，也可以促進健康，所製造出來的酸辣甜香效果，也讓當地的食慾在炎熱時節依舊不減。南洋料理的廚師們，在追求美味的同時，也兼顧辛香作料的保健功效，讓食味、食療在享用佳餚的同時也共同擁有。

講到東南亞香料植物，首推檸檬香茅。明亮的香氣具有極高的辨識度，幾乎可以跟泰國菜的印象畫上等號。檸檬香茅使用時只留下帶粉紅色的莖部切片做涼拌或醬料、以木棒敲裂切末熱炒，或是直接切

打拋豬肉少了打拋葉，不管九層塔多麼明豔動人，在泰國朋友的嘴中就像走音的歌曲，唱不到對味的旋律。

長段敲裂，拿來燉湯提香。著名的海鮮酸辣蝦湯「冬蔭功」，檸檬香茅除了擔任主要香氣，也能去除海鮮的腥味。其他如巴東牛肉、綠咖哩、香茅烤雞…等也都有檸檬香茅的重要一席。除了增加香氣，檸檬香茅還能去除油膩、幫助消化、促進血液循環，連西方世界也開始風靡學習。

薑、薑黃及南薑，看起來像一家人，味道卻大異其趣。薑黃是咖哩的黃色來源，在東南亞各國，薑黃比台灣種植的顏色及味道都更濃郁，常與椰奶搭配，讓薑黃特有的辛香氣味，藉由椰奶變得柔和。在印尼，薑黃更是不可少的吉祥食物，堆高成尖塔的金黃薑黃飯，是接待貴賓及重要時刻的佳餚；烹飪之外，薑黃消炎抗菌的功效，也是居家保健的藥用食材，煮水喝不但能減緩感冒時的症狀，將之搗碎，就能作為殺菌及傷口癒合的敷藥。顏色淡白，辛辣中帶著柑橘香味的南薑，最常被用來搭配雞肉、海鮮、煮湯或加入咖哩。台灣人熟悉的薑，在東南亞的料理中雖然常站在配角的位置，但卻有Kopi Jahe（生薑咖啡）等用法，拓展了我們對於生薑使用的想像力。

帶著各種香氣的香葉植物：檸檬葉、咖哩葉、打拋葉、檸檬羅勒、刺芫荽、薄荷…等等，足以看得外地人眼花撩亂，但在當地人眼裡，單獨使用或排列組合，都有承襲家族記憶的氣味地圖。泰國及印尼的咖哩慣用檸檬葉，緬甸和馬來西亞的咖哩以咖哩葉為主；即使遷居台灣已久的緬甸華僑，咖哩中的咖哩葉香氣，不論多久，都能牽引對家鄉的想念。在台灣，打拋豬肉少了打拋葉，不管九層塔多麼明豔動人，在泰國朋友的嘴中就是像走音的歌曲，唱不到對味的旋律。帶著溫潤芋香的香蘭草，更是無法取代

用Ulek-ulek磨輾出來的香氣無可取代，看似輕鬆的動作，其實需要經年累月的功夫。

東南亞傳統市場裡的新鮮青檸，前方為皮薄多汁的無籽青檸，右邊皺皺的是泰國青檬，其所生產的葉子即是常用來調味的檸檬葉。攝影／歐陽如修

的甜品靈魂，偶能買到市面上乾燥的香蘭葉以解遊子的鄉愁、讓品嚐過道地原味的旅人回味。但新鮮食材所無法取代的滋味，卻因而對比地更加強烈迷人了。

除了蔬菜以外，東南亞的水果香料們也沒有在料理中缺席。酸酸的羅望子，成熟的時候看起來像土色的長豆，果肉酸軟，嚐起來有烏梅的滋味，可做蜜餞、調成果汁，做成醬料或直接加入湯中燉煮，是許多東南亞料理中酸香味的來源。泰國青檸凹凹凸凸的外皮極具特色，但果肉卻不是主角，香氣爽朗的檸檬葉才是使用最廣的香料之一。從咖哩、燉菜、熱炒或湯品，檸檬葉都可以為整道菜帶來畫龍點睛的滋味；檸檬皮則會被用於泰式及寮國的咖哩之中。

為了香氣而生的道具：傳統的臼與石磨

即使到了今日，泰國及印尼許多廚房還是能見到傳統的臼及石磨，來自當地的朋友堅持，比起現代的機器，傳統的道具才能讓食材真正發揮香氣且結合成口感綿密的醬料。這並不是崇拜手感的想像；機器式的攪拌機，只能單一方向切斷食物的紋理，加上機器熱能容易影響食物的芳香，打成泥狀後，成了碎末的食物卻沒有融合的滋味，遠不如熟練的手法，利用道具本身質地，讓食材在分裂的過程中彼此交融，以鼻嗅覺香氣的散發，以眼觀察質地的程度。這對千百年來沉浸食物香氣的東南亞料理來說，或許是種即使在快速的現代步伐中，也無法妥協的儀式及堅持。

泰國搗臼khrok saak

泰國料理大多講求快速、原味，某些經典菜系如大家熟知的青木瓜沙拉或各種涼拌菜，會將全部材料放進U型的臼中，以杵用力地將材料搗碎或軟化，不但能釋放食材最佳的香氣，並讓各種材料融合為一體。泰國的臼若以石頭做成，尺寸較小，主要用來研磨香料食材，或搗磨咖哩醬料；木頭及泥土的尺寸較大，則多用來做上述所說的涼拌及沙拉料理。

印尼磨盤ulek-ulek

印尼的朋友說，印尼菜最花時間的，就是將食材磨成醬泥的時候。淺淺的印尼石磨盤，以彎曲尖筒狀的石磨杵旋轉、壓輾、磨細，有經驗的能夠靈活駕馭手中的石杵，讓所有食材像被圈趕的羊群一樣集中在盤裡完整地釋放香氣，並且不斷地交錯融合。據說要將原本質地不同的各種食材磨成完全的泥狀，光一餐家庭飯菜，有時就要花上半個鐘頭的磨製時間。但成品出來的香氣，總會令人甘心下一餐飯再度捧出沉重的石磨來。

南洋料理常用香料一覽

萊姆葉（檸檬葉）

具強烈檸檬香，以完全展開成熟的葉片香味最濃（嫩枝葉片香氣較差），在烹調的一開始就要加入，利用久煮讓香味散出，適合和雞肉、海鮮一起料理，可去腥解膩。

打拋葉

和九層塔味道相似，味道卻有種幽微的差異，做打拋豬肉時，若以九層塔取代，泰國朋友一定會說不到味，不過新鮮的打拋葉不好買，新莊的泰國香料行有進口。

九層塔

味道強烈，常在快炒或咖哩起鍋前撒上一把，可做足料理香氣，且和椰奶的味道很搭。

辣椒

可去腥殺菌，除了直接用新鮮的紅、綠辣椒外，辣椒粉、辣椒醬、辣椒油也都被廣泛使用。

檸檬香茅

有獨特的香味，是泰式料理清蒸檸檬魚和酸辣海鮮湯裡一定要有的香料，有新鮮跟乾燥兩種，料理時主要取莖白部分，可先用刀背、石臼壓一下，讓香氣更散出，再整枝或切段放入。

咖哩葉

散發柑橘味的香料植物，新鮮葉片搗爛時香氣更明顯，乾燥葉片可先乾炒或烤過讓氣味更加濃郁後再來烹調，適合用來燉肉，也是緬甸或馬來西亞製作咖哩時的重要香料之一。

薄荷

清雅的味道，很適合用來提味，通常都是整片葉子新鮮使用，比如越南春捲裡常包有薄荷，一些甜品也喜歡以薄荷來增味，很能促進食慾，能解膩清口腔。

香蘭葉（斑蘭葉）

南洋料理的甜點好朋友，有著淡雅的芋香，可做糕點、蛋糕，也可以調出美味的抹醬，西谷米、娘惹糕、甚至著名的海南雞飯都可看見他的身影。

南薑

分大南薑和小南薑，大南薑帶苦味，小南薑較辛辣，料理上常用的是小南薑，除了有薑的辣味外，還帶有柑橘香。

薑黃

咖哩裡的金黃色澤通常就是薑黃的功勞，薑黃粉是南洋咖哩最常用的調味料，在南洋主要用於蔬菜和豆類的烹調，也有抗氧化的食療效果。

月桂葉

歐洲、地中海、中東、南洋等地常用的香料植物，能提香、去除肉腥味，並有防腐效果，多用於煲湯、燉肉、燉煮海鮮或蔬菜等，通常是整片葉子稍微撕碎後直接和食材一同燉煮，可先乾鍋炒過或入烤箱烘烤，待烤出香味再烹調味道更佳。

刺芫荽

葉狀具刺，整株散發濃烈的芫荽氣味，口感清淡卻帶有複雜層次，像是胡椒、薄荷及檸檬的綜合味，市場上俗稱為「日本香菜」，可切碎後入鍋烹煮，是酸辣海鮮湯裡的重要香料之一。

羅望子（酸枳）

有特殊酸味，是南洋料理中酸味的重要來源，不少泰式醬料都有加羅望子，酸味一點都不輸檸檬，台灣買到的羅望子醬可入菜直接烹調，新鮮羅望子則需先取汁與溫開水調勻後過濾，南洋料理中，炒飯、煮麵、燉湯需要酸味時都可用，泰式著名的青木瓜沙拉也會加羅望子汁一起下去涼拌。

黃咖哩粉

咖哩這兩字的語源來自南印度的坦米爾語， 意思是調味汁，音譯為「咖哩」。印度、泰國、日本的咖哩風味各異，主要分為紅咖哩、綠咖哩、黃咖哩三種，全世界最普遍的黃咖哩主要的金黃色澤來自薑黃粉，特殊芳香能勾起食慾，更有保健功效，是很健康的芳香調味料。

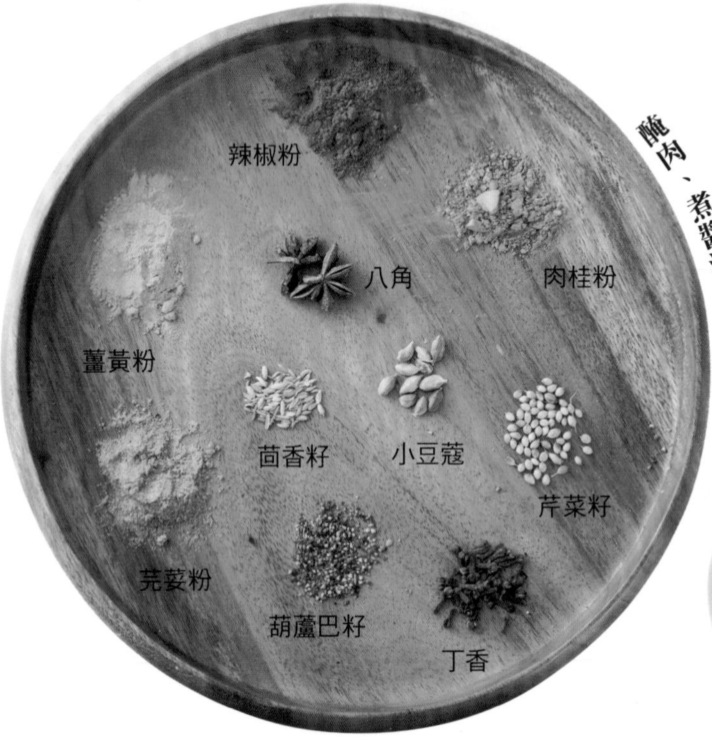

醃肉、煮醬汁、炒菜炒飯

香料　芫荽粉10公克、肉桂粉5公克、小豆蔻5公克、薑黃粉30公克、葫蘆巴籽2.5公克、芹菜籽2.5公克、茴香籽2.5公克、辣椒粉2.5公克、丁香1.5公克、八角2粒、黑胡椒粉2.5公克

作法

1 乾鍋，放入所有的辛香料以小火慢慢翻炒到香氣散出時，起鍋待稍涼。

2 將炒過的香料放入食物調理機或以石臼手磨，磨成粉狀即可。

point

黃咖哩醬汁配米飯或烤餅一起吃，就是香噴噴的開胃餐。

香料
油

大蒜月桂油

用途　煎魚、肉類

材料　橄欖油250毫升

香料　月桂葉6片、大蒜6顆

作法

1 將大蒜、月桂葉洗過，用紙巾輕按壓乾水分。

2 取鍋，將大蒜、月桂葉放在鍋中後，加入橄欖油，以小火加熱至油起微泡時，關火靜置放涼即可。

3 密封放通風乾燥處，不碰水可放二星期。

香料
鹽

亞洲風味鹽

用途　醃肉

材料　海鹽200公克

香料　八角5公克、花椒5公克、丁香3公克、小茴香籽10公克

作法

1 乾鍋加熱後，放入海鹽炒乾約1分鐘。

2 再加入八角、花椒、丁香、小茴香籽炒至香氣散出且辛香料變乾時即可起鍋攤平降溫。

3 密封放通風乾燥處，不碰水可放二至三星期。

經典菜

越南河粉

材料 牛骨200公克、無骨牛小排160公克、河粉100公克、豆芽10公克、洋蔥10公克、青蔥5公克、水2公升、檸檬1/2顆

調味料 魚露30毫升、糖5公克、白醋50毫升

香草包 芫荽15公克、青蔥20公克、薑20公克、蒜15公克（放入香草包）

香料包 草果2公克、花椒1公克、肉桂2公分、八角1公克、白胡椒粒1.2公克（放入香料包）

作法

1 牛骨先加白醋水煮過後清洗乾淨，鍋中加水、牛骨、香草包、香料包，煮開後以小火燉煮約2小時即為牛骨高湯。

2 無骨牛小排用少許魚露（份量外）、糖醃一下，用煎鍋煎兩面上色切片備用。

3 洋蔥切絲；青蔥切碎；河粉燙熟，備用。

4 作法1的牛骨高湯過濾後，加魚露拌勻，淋到裝有河粉的碗裡，再把作法2牛小排片排上，最後放豆芽、洋蔥、青蔥，食用前擠上檸檬汁即可。

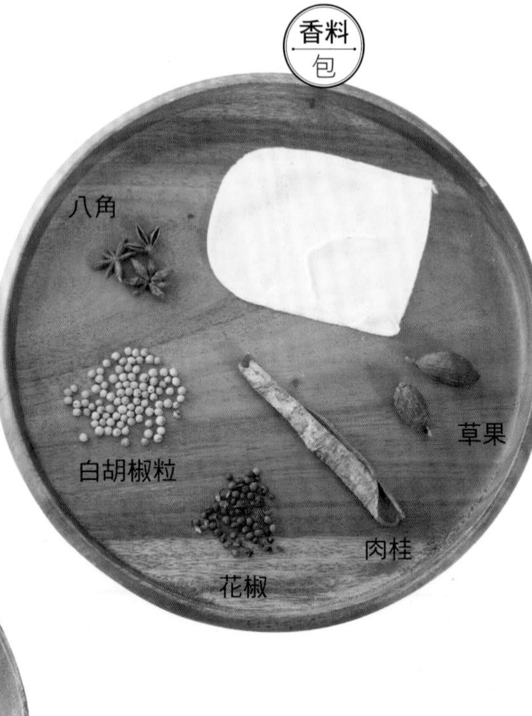

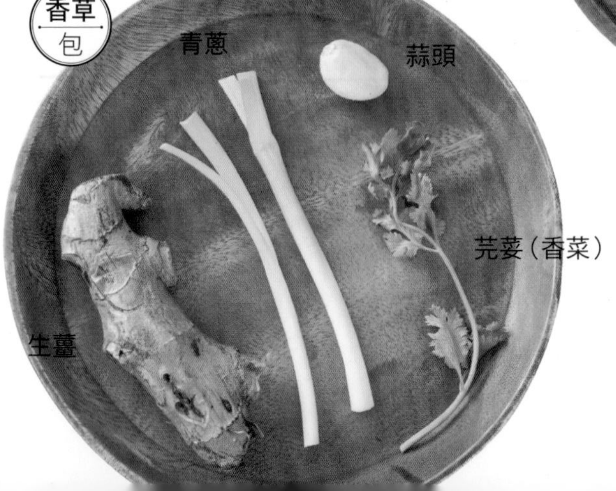

以白米製成的河粉配上以綜合香草包＋香料包長時間熬煮出來的牛骨高湯，有著獨特香氣，細看高湯很清澈，喝來卻濃郁甘甜、滋味清爽，是越南從街邊小吃到餐廳店家都有的著名美食。

泰式綠咖哩雞

綠咖哩是以新鮮青辣椒代替乾辣椒，再和其他辛香料一起搗成泥糊狀，與南洋的椰奶搭配後，辣中卻帶著溫和感，後勁十足，嗜辣的人一試上癮。

材料 雞胸肉150公克、椰醬240毫升、椰奶300毫升、椰糖10公克、茄子120公克、九層塔25公克、紅辣椒15公克

香料 小茴香籽5公克、芫荽籽5公克、白胡椒粒3公克、綠辣椒50公克、新鮮南薑3公克或乾燥南薑5公克、新鮮香茅20公克或乾燥香茅30公克、紅蔥頭30公克、大蒜30公克、芫荽莖5公克、蝦醬5公克、新鮮檸檬葉2片或乾燥檸檬葉3片

調味料 A 鹽2公克、魚露35毫升
B 鹽3公克

作法

1 雞胸肉切斜片，茄子切滾刀，九層塔取葉子。
2 將調味料A與香料除檸檬葉外，打成泥狀，紅辣椒切片。
3 起鍋加入椰醬，煮至蒸發呈油狀，放入打成泥狀的香料炒出香味，再加入椰奶、椰糖。
4 加入茄子、檸檬葉、雞胸肉片及調味料B煮至滾開，最後加入紅辣椒片、九層塔拌均勻即可。

泰式紅咖哩牛肉

以紅色乾辣椒為主體，和其他辛香料一起搗成泥糊狀，再加入椰汁帶出紅咖哩的甜味，是泰國料理中不可少的經典。

材料 牛肩肉或雞胸肉200公克、椰醬200毫升、椰奶400毫升、椰糖15公克、小番茄80公克

香料 小茴香籽10公克、芫荽籽5公克、白胡椒粒4公克、紅辣椒去籽50公克、乾辣椒6片泡軟切過、新鮮南薑10公克（或乾燥南薑15公克）、新鮮香茅20公克（或乾燥香茅30公克）、紅蔥頭10公克、大蒜15公克、芫荽莖3公克、九層塔10公克、檸檬葉2片（或乾燥檸檬葉3片）

調味料 鹽5公克、魚露30毫升

作法

1. 牛肩肉切片；小番茄洗淨後，對半切；九層塔取葉子，備用。
2. 除九層塔外的所有香料，放入石臼或食物調理機打成泥狀備用。
3. 熱鍋，加入椰醬小火煮至呈現油狀，放入作法2香料泥炒出香味後，再加入椰奶、椰糖。
4. 於作法3鍋中加入小番茄、牛肩肉及調味料煮至滾開，放入九層塔拌勻即可。

泰式料理主要以複方香料搭配酸辣調味為基底，天然的酸香辣最能代表泰國的文化。

泰式酸辣蝦湯

材料 鮮蝦8隻、草菇30公克、小番茄20公克、高湯350毫升

香料 紅辣椒2支、朝天椒3支、檸檬葉1片或乾燥檸檬葉2片、新鮮南薑10公克或乾燥南薑15公克、新鮮香茅半支或乾燥香茅1支、芫荽莖15公克（留葉）

調味料 魚露30毫升、檸檬汁120毫升、糖適量

作法

1 南薑切片，香茅切段，紅辣椒、朝天椒拍打；小番茄對半切備用。

2 空鍋不要放油，炒香南薑、香茅、紅辣椒、朝天椒、芫荽莖。

3 放入高湯慢煮把味道煮出，再放入鮮蝦、草菇、小番茄、魚露、糖，檸檬汁，最後撒上香菜葉即可。

印尼炒飯

材料 熟飯150公克、蝦仁60公克、雞蛋1顆、檸檬1/4顆、蝦餅2片、小黃瓜30公克、牛番茄30公克、油500毫升

香料 羅望子25公克、紅蔥頭10公克、紅辣椒20公克、蒜頭10公克

調味料 蝦醬30公克、甜醬油20毫升、鹽適量、白胡椒粉適量

作法

1 起油鍋約180度炸蝦餅後，撈出瀝油備用。

2 小黃瓜、牛番茄切片；雞蛋煎成太陽蛋備用。

3 香料裡的紅蔥頭、紅辣椒、蒜頭先以石臼打碎，再放入蝦醬、羅望子用力擣成泥狀。

4 熱鍋，先放入作法3的辛香料泥炒香，再放入蝦仁略炒後，加入熟飯、甜醬油、白胡椒粉、鹽調味炒勻，起鍋盛盤。

5 盤子旁邊排放蝦餅、小黃瓜片、牛番茄片，最後在飯上放太陽蛋即可。

南洋的道地小吃，以甜醬油、羅望子及蝦米和米飯一起炒勻，排盤時會出現多種配料，常見有小黃瓜、番茄、檸檬角，去油解膩。豪華的會加上沙嗲串燒、印尼蝦片及煎蛋等相當豐富。

point

如果真的買不到羅望子，為了取其酸味，可用白醋15毫升替代。

肉骨茶

肉骨茶不是真的茶，而是新加坡、馬來西亞家喻戶曉的排骨香料藥材湯，富含多種香料組合很暖胃，胡椒味濃重卻不嗆，去濕補氣對身體很好。

材料 豬骨500公克、豬皮100公克、帶皮蒜頭25公克、豬小排骨或豬五花200公克、人參鬚6公克、黨參5公克、水3.7公升、枸杞1.8公克

香料 淮山2.2公克、八角1公克、陳皮1.5公克、甘草1.3公克、丁香1公克、小茴香籽0.5公克、白胡椒粒1.2公克、桂皮2公分

調味料 米酒25毫升、醬油12毫升、醬油膏16毫升、鹽5公克

作法

1 將淮山、八角、陳皮、甘草、丁香、小茴香籽、白胡椒粒、桂皮裝入香料包裡。

2 豬骨、豬皮、香料包和水慢火煮1小時後，將香料包撈起再放豬小排骨、人參鬚、黨參煮約40分鐘。

3 再將帶皮蒜頭加入，以調味料調味，再煮約30分鐘最後加入枸杞即可。

南洋料理

常用香料

薑黃 Turmeric

Curcuma longa L.

天然著色香料，可增強抗體的黃色力量

料理　烘焙　藥用　染色

別名：黃薑、鬱金

產地：原產於熱帶泰米爾納德邦、印度東南部

利用部位：根、莖、花

薑黃味辛性溫，中醫上具祛瘀活血效果，可治療風濕、消腫酸痛及月經疼痛等。薑黃主成分薑黃素（curcumin）是非常強大的抗氧化物質，可抗癌、預防失智與心血管疾病，最新的研究還發現薑黃可以用來治療恐懼，克服創傷後症候群（PTSD）。

薑黃屬薑科類植物，主要食用部份為地下莖及花朵，味道嗆而不辣、帶點天然土味，常用於南洋料理，拿來燉飯、炒飯或做為醃肉的去腥劑，能讓食材色澤呈現自然的鮮黃，是最天然的著色劑。花朵和野薑花類似，整朵花呈現壯觀的圓柱狀，可直接料理食用。

鮮艷的薑黃粉是咖哩的主要香料之一，近年來印度失智症發病率低於西方國家，研究證實正與常吃含有薑黃素的咖哩有關，讓薑黃除料理外，更一躍成為熱門的保健香料。不過，有肝腎疾病、胃潰瘍的人及孕婦不適合食用。

應用

- 新鮮薑黃花可直接入菜或熬煮成茶。乾燥薑黃則在早期被拿來做為沙龍的染料。
- 薑黃粉是薑黃應用的最大宗，可替料理調味、幫助去腥並增添菜餚香氣，也能讓食物呈現天然金黃色澤。
- 薑黃因具醫療保健效果，近年來被加工成熱門的保健食品。

保存

- 將生薑黃放在通風、避免陽光曝曬處，約可放3-6個月。
- 薑黃粉裝盛於密封玻璃瓶，避免受潮變質。

適合搭配成複方的香料

薑黃粉搭配紅辣椒、生薑、丁香、肉桂、茴香、肉豆蔻、黑胡椒等香料，即可調和成最常應用的複方咖哩香料。

薑黃VS.南薑

薑黃

同科不同屬，薑黃塊根顏色橘黃，是很強的可食用染色劑，帶點微苦的辛辣；南薑顏色淡白，味道和薑類似卻較溫和，帶有柑橘的香氣，東南亞料理常用來煮湯或做咖哩。

南薑

南洋香料

越式薑黃烤鮮魚

香料 薑黃粉5公克（或新鮮薑黃切碎10公克）、紅蔥頭5公克、大蒜5公克、白胡椒粉適量

材料 鮮魚1條（去鱗、去內臟）、沙拉油30毫升

調味料 鹽適量

作法

1 鮮魚洗淨在皮上劃刀；大蒜、紅蔥頭切碎。

2 薑黃粉、大蒜、紅蔥頭，鹽、白胡椒粉混在一起。

3 將作法2均勻塗抹在作法1的鮮魚上，醃約30分鐘。

4 鮮魚淋上沙拉油，放入已預熱好的烤箱中以180度-200度烤約20分鐘即可。

薑黃的塊根

外皮雖是褐黃色，內裡則因不同品種有紅、黃、紫等顏色，市面上販賣的有新鮮和乾燥兩種。薑黃粉則是經乾燥後所磨成的深黃色粉末，是咖哩的主要調色香料，大多用於醃漬食材、烘焙麵包及幫助食材上色。

薑黃的塊根是主要食用部分，曬乾磨粉後，為咖哩粉的主要香料。

薑黃花又稱鬱金花，和野薑花外型接近，花朵可食。

薑黃辛香清淡且有淡淡的甜橙和薑味，
很適合和鮮魚一起料理去腥。

薑黃除了南洋料理常用外，也是印度料理不可少的香料。這裡教大家一道只要準備薑黃、黑胡椒、辣椒粉，就能輕鬆上手的印度美味！以奶油煎魚則是印度菜常用的去除魚肉土味小妙方。

以薑黃做印度料理

巴賈魚片

香料 薑黃粉1小匙、黑胡椒粉1/4小匙、辣椒粉1/4小匙、薑泥1/2小匙、蒜泥1/2小匙

材料 鯛魚片300克、奶油3大匙、鹽1/2小匙、檸檬1/2顆、中筋麵粉適量（裹粉用）

作法

1 鯛魚先用鹽、薑黃粉、黑胡椒粉、辣椒粉、薑泥、蒜泥和檸檬汁冷藏醃20分鐘。

2 在魚片兩側裹上麵粉，稍微用手壓實後，用奶油煎熟。

3 可搭配小黃瓜番茄食用（食譜請見300頁），並隨個人喜好撒上Chaat masala和檸檬汁。

point/

Chaat masala和常見的瑪薩拉綜合香料粉（Garam masala）不同，前者味道較強烈，通常直接撒在食物上，Garam masala則是做為料理的最後調味，可於印度香料行購買（可見265頁）。

南薑 Galangal

Alpinia galanga (L.) Willd.

料理　烘焙　精油　香氛　藥用

別名：良薑、小良薑、高良薑、風薑、蘆葦薑

產地：原產於中國南部、印尼爪哇及加里曼丹島

利用部位：根、莖、花、葉

辣中帶甜味道似肉桂，能溫胃、止痛、去風寒

適合搭配成複方的香料

- 與八角、丁香、花椒、陳皮、肉桂、胡椒、甘草、靈香、百草製成五香粉。
- 與薑黃、薑、蒜、香菜、小茴香、咖哩粉等搭配成南洋沙嗲醬。

南薑燥後入藥，為中醫臨床用藥可顧胃、助消化，針對鼻子過敏、鼻竇炎及過敏性體質也有改善效果。富含礦物質及維生素，其根莖含揮發油，紅黃酮及多種抗氧化物，營養成分於任何體質皆能吸收無副作用，搭配黑糖、紅棗煮成茶飲可調整體質。

南薑喜歡溫暖潮濕和陽光充沛的環境，是南洋料理中很普遍的香料。辣中帶甜似肉桂，但帶有微微嗆味，含有薑黃素，具抗癌功用，並能溫胃、止痛、祛風、散寒，加速血液循環，讓人體保有戰鬥力，常見搗碎調製成醬料或煮成茶飲。

早期台灣也有食用南薑，台南古早味小吃「番茄切盤」就是醬油膏拌入南薑細末，吃來香氣獨特。「本草綱目」記載南薑以三年薑為上品，性溫味辛，孩子發育不良，或婦女坐月子時，也常利用南薑燉煮雞鴨，搗碎的南薑還能醃漬桃李等水果，也可以取代薑，和黑糖一起煮茶，味道較溫和，可防止手腳冰冷。

應用

- 以根部大小分類有：
  大南薑：原產於印尼，以藥用居多，味道帶苦。
  小南薑：原產於中國，較辛辣，常用作調味料。
- 南薑根莖的幼嫩部位，最常以切片或切細末的方式和其它香料調味。
- 質地堅韌、纖維木質化明顯的莖部，使用時需搗碎，常做為五香粉、沙嗲醬及咖哩醬的原料之一。
- 南薑的幼葉及嫩花苞亦可食用，能與其它葉菜類一同炒煮。

保存

- 新鮮南薑放置於陰涼通風處，即可保存數天。已有切口的南薑則可用保鮮紙包裹，放入冰箱冷藏保存。
- 乾燥的南薑最好放入密封袋或密封罐冷藏保存，避免受潮變質。

新鮮南薑VS.乾燥南薑

新鮮南薑

新鮮南薑切片、細末或搗泥後入菜調味，具有辛辣卻不嗆人的風味，是一級棒的去腥香料。

南薑的根莖乾燥後較易保存，以切片狀呈現，常用於泰式椰奶雞湯、酸辣蝦湯等經典南洋料理。

乾燥南薑片

南薑雖辛辣但屬性溫和，取代台式料理常用的老薑跟蜆仔一起煮，辣味不同，還可提高免疫力。

南洋香料

印尼南薑蜆仔湯

香料 新鮮小南薑20公克（或乾燥南薑片30公克）、白胡椒粉適量

材料 蜆仔120公克、水500毫升

調味料 鹽適量

作法

1 蜆仔以清水洗過，略微吐沙備用。

2 南薑切片備用。

3 熱鍋，放入水和南薑片煮至水滾後，加入蜆仔煮至開口，最後以鹽、白胡椒粉調味即可。

黑糖南薑茶

材料 新鮮小南薑 30公克（乾燥小南薑 50公克）
黑糖 30公克
水 250毫升

作法

1 準備一只鍋放入水，加入南薑。

2. 等水煮開後約20分鐘加入黑糖，邊煮邊拌至全部溶於水中即可。

point/

蜆仔可以文蛤替代，這道料理暖身又護肝，
是天然的滋補湯。

Tamarind

羅望子

Tamarindus indica L.

料理　水果　觀賞　藥用

別名：酸豆、酸角、酸枳、九層皮、泰國甜角、酸梅樹、亞森果、印度棗

產地：原產於東部非洲、尼羅河流域及亞洲南部

利用部位：果實、嫩葉、種子

迷人微酸澀果香，比白醋入菜更好味

羅望子是水果也是調味料，果莢呈紅棕色，果肉富含糖分及酒石酸，有獨特的酸甜果香，口感像龍眼乾，泰國人常泡成冷熱飲品，除了常在亞洲和拉丁美洲的烹飪裡使用（道地的清木瓜沙拉一定會放上羅望子汁），更是英式經典醬汁「伍斯特醬」的重要成分之一。

東南亞會將羅望子製成磚狀、片狀、粉末與濃縮等果肉醬等，其中以磚狀保存原味最好，入菜烹調酸香不輸檸檬，也可製作成甜點、飲料和小吃。在台灣能買到的多是自泰國進口已調製好的羅望子醬，容易保存且能直接入菜，不需再以水泡開使用。

羅望子富含鈣、磷、鐵等多種元素，含鈣量居所有水果中的首位，果實的天然果酸可清熱解暑，果肉纖維幫助消化，是天然通便劑，印度自古便將羅望子拿來治療腸胃不適，泰國人則相信它可排除血液裡的雜質，達到通血管的效果。

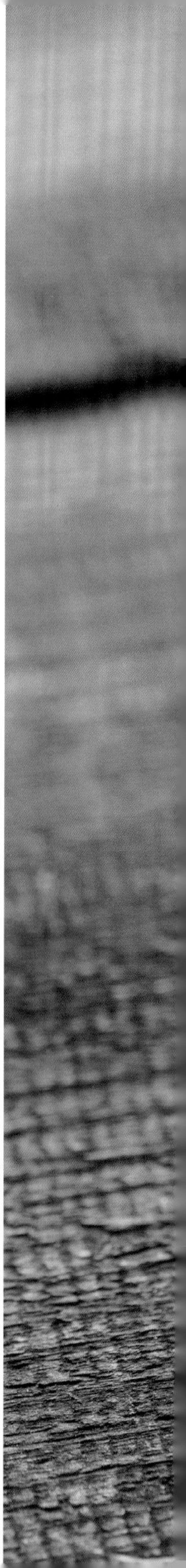

應用

- 成熟果實可直接生食，果皮剝開，味酸甜，可製成蜜餞或糖果。
- 嫩葉可食用，菲律賓的烤乳豬就是將羅望子葉當成香料塞進豬肚，可去腥提香。
- 種子含大量蛋白質，油炸後調味即可食用。
- 果汁或果實最常入菜，羅望果實加熱水稀釋即成為羅望果汁（醬），許多泰式醬料都用其調味。

保存

- 乾燥帶殼的羅望子果莢，裝入密封袋（罐），置於不會曝曬陽光的陰涼處。
- 已去殼的羅望子果肉，裝入密封袋（罐），置於冰箱冷藏保存。
- 調製好的羅望子醬，開封後需裝入密封袋（罐）， 置於冰箱冷藏保存。

適合搭配成複方的香料

- 可與薑、豆蔻、肉桂、茴香、辣椒搭配成羅望子印度咖哩。
- 可與薑和孜然粉搭配成印度沾醬Chutney。
- 可與鯷魚、醋、糖、鹽、洋蔥、蒜、芹菜、辣根、生薑、胡椒、大茴香等多種香料調成伍斯特醬。

羅望子酸中帶甜的味道，拿來醃肉不只去油解膩，還有獨特風味，使料理的層次更豐富，且酸香氣一點都不輸檸檬呢。

南洋香料

印尼羅望子烤肉串

香料 羅望子汁20毫升、紅辣椒2支、大蒜10公克、九層塔3公克

材料 五花肉（或雞胸肉）200公克、香菜10公克、薑10公克、竹籤6支

調味料 魚露15毫升、糖5公克

作法

1 五花肉切成塊狀。

2 香菜、紅辣椒、大蒜、薑切成末。

3 羅望子汁和魚露、糖攪拌加入作法2再和五花肉塊醃約15分鐘。

4 以用竹籤將肉塊一一串好，放入已預熱的烤箱中以160度烤15分鐘即可。排盤時可放入九層塔葉裝飾，並搭著一起食用。

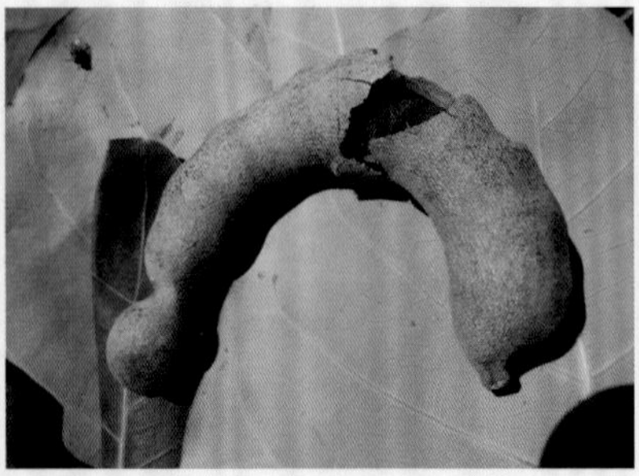

羅望子是水果也是香料，有獨特的酸甜果香。

咖哩葉

Curry Leaf

Murraya koenigii (L.) Spreng.

南洋咖哩不可缺的香料，貧民香草的綠色奇蹟

料理　精油　香氛　染色　藥用

別名：可因氏月橘、調料九里香、咖哩樹、南洋山椒

產地：原產於南印度，分布於熱帶與亞熱帶地區

利用部位：葉

咖哩葉有抗氧化、抗發炎、抗衰老及防癌多重功效，且富含鐵質和葉酸，有助於對抗貧血，還能保護眼睛角膜，促進血液循環，改善高血壓、膽固醇過高等症狀，是印度、南洋的傳統食補聖品。

咖哩是綜合數十種香料而成，並非咖哩葉一種就能擁有其神秘香氣，咖哩葉是能散發柑橘味的香料植物，具有獨特且令人愉悅的味道，將葉片搗爛時香氣更明顯，新鮮時氣味濃郁似橄欖味和芭樂的綜合體，入口嚼還帶一絲苦味，乾燥後味道較淡，可先用烤箱或乾鍋炒一下，讓味道釋放。咖哩葉還能提煉精油，在芳香療法中有助於對抗糖尿病、掉髮，此外，新鮮的咖哩葉色彩鮮綠，也被當作天然的染料。

印度南方家庭都會在自家菜園種一棵咖哩樹，隨時可摘採使用，一樹多用的咖哩葉因而有「貧民香草植物」的暱稱。

應用

- 葉子具有獨特的香味，可做辛香料使用。
- 很適合用來燉煮雞肉、羊肉，也可做火鍋、熬湯。
- 果實裡的種子含生物鹼具毒性，不可誤食！

保存

- 新鮮咖哩葉包好置於冰箱冷藏約可保鮮一週，但氣味會漸漸變淡。
- 乾燥咖哩葉香味較淡，開封後要裝入密封罐中放在陰涼處，不要被陽光直射。

適合搭配成複方的香料

咖哩葉搭配綠辣椒是南印度人、斯里蘭卡人最喜愛的香料組合。

新鮮咖哩葉

葉片為羽狀複葉，有小葉11-21片，小葉長2-4公分，寬1-2公分。

咖哩葉有柑橘的氣味，不只能替魚去腥，還可用來增加料理香氣，是南洋料理中常用的調味香料。

南洋香料

印尼辣味鯖魚

香料 咖哩葉2公克、薑黃粉10公克、辣椒粉10公克、薑15公克、紅辣椒10公克、香菜莖5公克

材料 鯖魚200公克、洋蔥100公克、水200毫升、蔬菜油30毫升

調味料 白醋20毫升、鹽適量

作法

1 鯖魚切厚塊，洋蔥、薑、紅辣椒、香菜莖切末。

2 熱鍋，加入蔬菜油，炒香洋蔥、薑、紅辣椒末，再加入薑黃粉、辣椒粉和香菜末。

3 加入白醋、鹽、水，再放入鯖魚塊以中火燒煮約12分鐘入味即可。

咖哩葉冷泡茶

咖哩葉可以製成冷泡茶飲有助肝臟保健、促進消化、去油減脂。取約20片咖哩葉，搓揉出香氣，加入適量煮沸過的冷水浸泡過夜即可飲用。

萊姆葉（檸檬葉）

Kafiir Lime Leaf

Citrus hystrix DC.

料理　精油　香氛　藥用

別名：檸檬葉、馬蜂橙葉、喇沙葉、卡菲爾萊姆、亞洲萊姆、泰國青檸

產地：原產於亞洲南部，現於中南半島、印尼、馬來西亞等地廣泛栽培

利用部位：葉片、果實、果皮

持久內斂的柑橘香，讓身心靈都優雅釋放

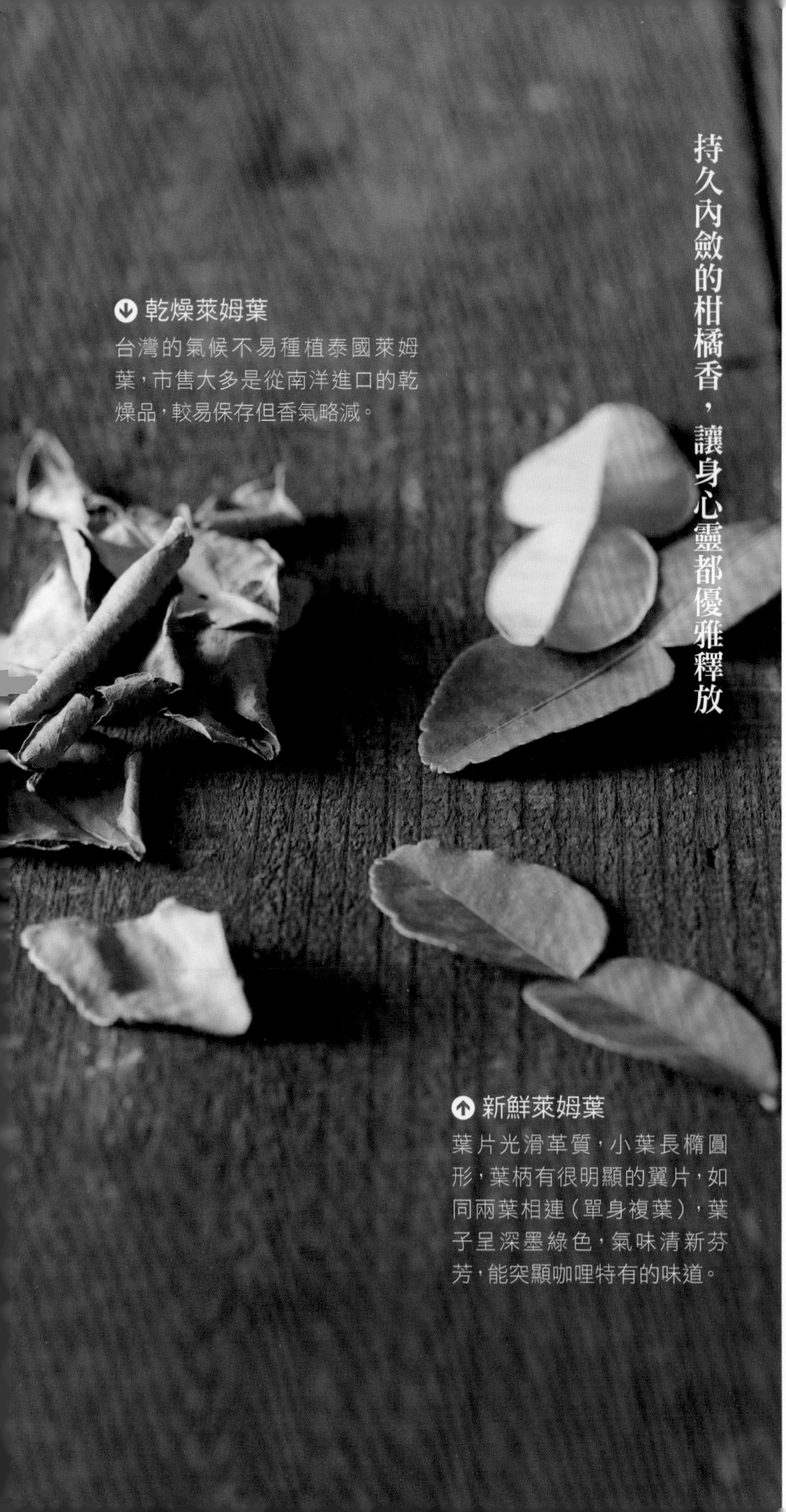

↓ 乾燥萊姆葉

台灣的氣候不易種植泰國萊姆葉，市售大多是從南洋進口的乾燥品，較易保存但香氣略減。

↑ 新鮮萊姆葉

葉片光滑革質，小葉長橢圓形，葉柄有很明顯的翼片，如同兩葉相連（單身複葉），葉子呈深墨綠色，氣味清新芬芳，能突顯咖哩特有的味道。

東南亞料理最常應用的泰國萊姆葉，在中醫裡屬性溫和，味辛、甘，入肺、胃經，有化痰止咳、理氣開胃的作用。檸檬葉槲皮素，則是一種活性植物多酚，具抗氧化作用，有助改善心臟和血液循環系統。而檸檬葉提煉出來的精油，氣味清新優雅、能幫助緩和焦慮，且有舒緩呼吸道不適的功效。

泰國萊姆葉、南薑、檸檬香茅是南洋料理中最常使用的三種調味料，要角之一的萊姆葉呈深墨綠色，散發出清新獨特的柑橘香氣，味道持久又強烈，卻不似柳橙或檸檬般奔放洋溢。

東南亞地區經常使用泰國萊姆的果皮和葉片，幫食物增添獨特的柑橘芬芳，葉片以完全展開硬化的香氣最濃，嫩枝葉片香氣略差。烹調時可將檸檬葉剪成細絲，或用手捏碎，在一開始就加入，煮出香味後即撈起，許多泰國料理的湯品、沙拉、熱炒及咖哩中強烈的迷人香氣，就是來自於泰國萊姆葉，能讓菜餚清新爽口，但葉片本身口感不佳，不適合直接食用。

應用

- 適用於海鮮及肉類，幫助去腥調味、增添風味。
- 果實外皮磨碎（或刨出皮屑）不僅用於烹調提香，也可入藥。

保存

- 新鮮的檸檬葉放入密封袋（罐），置於冰箱冷藏，約可保存2星期。冷凍的話，保存期限則可長達1年。
- 市售的乾燥檸檬葉，開封後置入密封袋（罐），存放於陰涼處即可。

適合搭配成複方的香料

泰國萊姆葉最常搭配南薑、香茅等，是南洋料理中普遍使用的百搭香料，幾乎能入所有東南亞的菜餚調味提香。

南洋香料

泰式萊姆魚餅

萊姆葉有著淡淡的檸檬柑橘香，搭配紅咖哩和魚肉拌勻成魚餅，酸辣開胃就是一道泰式傳統口味。

香料 新鮮萊姆葉2片或乾燥萊姆葉3片、香菜莖5公克、紅辣椒5公克、白胡椒適量

材料 鯛魚片160公克、四季豆60公克、紅咖哩糊30公克、沙拉油20毫升

調味料 魚露60毫升、糖5公克

作法

1 鯛魚片切成泥狀、四季豆切薄片狀；香菜莖、紅辣椒切碎；萊姆葉切絲備用。

2 把作法1全部食材和魚露、糖、白胡椒粉、紅咖哩糊攪拌均勻，再整型成一塊塊的餅狀。

3 起鍋，加入沙拉油燒熱，放入作法2魚餅以中火煎至兩面上色，放入已預熱的烤箱中以200度烤約5分鐘即可。

point/

鯛魚片亦可依個人喜好替換成其他的白肉魚。

IMPORTED
IMPORTED

香蘭葉

Pandan

Pandanus amaryllifolius

料理　烘焙　染色　香氛　驅蟲　藥用

別名：七葉蘭、斑蘭葉、牛角蘭、香林投、碧血樹

產地：原產於印度，現於東南亞地區廣泛栽培

利用部位：葉子

葉片有淡雅芋香，同時也是天然的綠色染料

適合搭配成複方的香料

- 搭配椰漿、黃薑、香茅煮成香料飯。
- 搭配檸檬草、香茅煮成香蘭茶。
- 椰奶、辣椒、檸檬草、香蘭葉是馬來食物的基本香料調味組合。

傳統中藥視香蘭為藥中聖品，最早香蘭葉多以煮茶飲用，被當作極為珍貴的保健飲料，屬性溫和無毒，主治肝炎、潤肺，能降肝火、清熱解毒、消暑、解酒、治痛風，且因富含纖維、礦物質、氨基酸等營養元素，還有降血糖、調節血壓、利尿排毒等養身功效。

泰國常見的熱帶植物香蘭葉，是東南亞料理與糕點的常用材料，它是天然的綠色染料，葉片有著特別的淡雅芋香，煮飯時加入香蘭葉即能煮出帶有芋頭味的米飯。

在東南亞人心目中，是不可缺少的重要香料植物，不管傳統市場或大賣場，一定能買到，既可做中式糕點，也可做西式蛋糕，還能調製出美味抹醬，煮飯做菜也少不了它，像是著名的海南雞飯、西谷米、娘惹糕、香蘭包雞等南洋料理，皆必備香蘭葉入菜，難怪萬用的香蘭葉甚至有食品「香料之王」的地位！

應用

- 香蘭葉除可煮茶飲、煮飯，用於菜餚料理時，大多先榨汁再揉入食材，可增添食物的香氣和色澤，或是直接包裹食材蒸煮出味。
- 東南亞國家大量使用香蘭葉入菜，各國的經典菜餚應用包羅萬象，像是：
  泰國：西谷米、香蘭包雞
  印尼：薑黃飯、椰林千層糕
  新加坡、馬來西亞：海南雞飯、娘惹糕

保存

- 新鮮香蘭葉用白報紙包好再套入密封袋，置於冰箱冷藏，約可保存2星期，冷凍的話，保存期限則可長達1年。
- 冷凍乾燥的香蘭葉，放入密封袋（罐）置於陰涼處存放即可。

新鮮香蘭葉

香蘭是多年生灌木，喜歡溼熱的環境，適合在熱帶國家種植，葉質柔滑堅韌，是一種有天然香味的藥草，葉片有螺紋，具有相當的食用價值，現在野生香蘭葉稀少，大多為栽培植物。

南洋香料

泰式香蘭炸雞

(香料) 泰式香蘭葉12葉、紅辣椒碎10公克、綠辣椒碎10公克、大蒜碎5公克、白胡椒粉適量

材料 雞胸160公克、炸油500毫升

調味料 椰奶30毫升、蠔油15毫升、醬油10毫升、香油10毫升、白醋60毫升、棕櫚糖20公克、鹽適量

作法

1 雞胸切丁後，用大蒜碎、椰奶、蠔油、醬油、香油、白胡椒粉醃約1小時至入味。

2 香蘭葉當外衣，將醃過的雞肉丁，以包粽子方式包起。

3 起油鍋，當油熱到約170度時放入作法2的香蘭雞，油炸約7分鐘，炸熟取出瀝油。

4 再將白醋、棕櫚糖、紅綠辣椒碎、鹽拌勻，以小火煮過當佐醬，附在雞肉旁即可。

香蘭葉茶

材料 香蘭葉3-5片、水1000毫升、白砂糖適量

作法

1 香蘭葉洗淨撕細條或剪小片和水一起入鍋煮開後，加蓋以中火續燜煮10分鐘，即可濾出葉渣。

2 依個人口味調入砂糖即可飲用。

＊冬天熱飲、夏天冰飲都好，也能等茶降至室溫後調入蜂蜜飲用。

香蘭葉獨特的香味可讓雞肉增添清甜感，是天然的綠色染料，一起入鍋油炸能幫助雞肉上色且不會很快焦掉，但葉子的纖維太粗，口感不好，只取其味最美妙。

刺芫荽

Culantro

Eryngium foetidum L.

觀賞　料理　精油　香氛　驅蟲

別名：刺芹、洋芫荽、假芫荽、日本香菜、節節花、野香草、緬芫荽、臭刺芹、大葉芫荽

產地：原產於歐洲

利用部位：嫩莖葉（食用）、全草（藥用）

獨特的濃烈氣味，能生食做沙拉的香菜植物

新鮮刺芫荽富含胡蘿蔔素、維生素B2、維生素C3等營養素，主要作用於消化系統，可緩和腹脹、胃絞痛，更是身體的淨化劑，能清除毒素，對筋疲力竭的身心狀態是極佳的天然療方。搗碎後外敷，可治療跌打腫痛、蟲咬傷等。

刺芫荽的葉狀具刺，整株散發濃烈的芫荽氣味，口感清淡卻帶有複雜層次，像是胡椒、薄荷及檸檬的綜合味，市場上俗稱為「日本香菜」。新鮮幼葉及嫩枝可當成蔬菜生食，但葉子邊緣有小針刺，食用前得小心去除，不但能替食物增加風味，切碎後入鍋烹煮，也比一般細芫荽耐高熱，不易變黑，還能做為驅蛇及防蚊蟲植物。

在加勒比亞海地區，刺芫荽是常用調理香料，醃製肉類時不可或缺，栽培容易，可做為廚房窗檯的常備香料植物，即摘即用新鮮又方便。

應用

- 食用部位主要是嫩莖葉，用法和芫荽（香菜）雷同，但使用前需先以剪刀將刺剪除，葉子可直接搭配沙拉食用，可提香，根的味道較重，適合燉煮肉類或湯。
- 刺芫荽乾燥保存後，色澤仍呈草綠色，加工切碎後全葉都可食用，東南亞的糕點、餅乾常以乾燥的刺芫荽調味。

保存

- 新鮮刺芫荽的根部浸水再以白報紙包起，置於冰箱冷藏，能延長保存期限。
- 乾燥的刺芫荽，開封後記得裝入密封袋（罐），置於家中陰涼處保存即可。

適合搭配成複方的香料

搭配南薑、薄荷葉、九層塔、香茅、檸檬葉、香菜等南洋香料皆適宜。

新鮮刺芫荽植栽

刺芫荽為繖形科刺芹屬的植物，生長於海拔100公尺至1,540公尺的地區，常生長於路旁、丘陵、山地林下以及山溝邊等濕潤處，全株皆散發強烈的芫荽氣味。

刺芫荽花

南洋香料

泰式牛肉沙拉

濃濃香菜味的刺芫荽，葉片大適合生食，搭配味道厚重的烤牛肉，是讓料理有著清爽滋味的關鍵。

香料 刺芫荽15公克、薄荷葉10公克、紅辣椒粉5公克、紅蔥頭20公克

材料 牛肉里肌200公克、青蔥15公克、小番茄60公克、花生碎10公克、白米5公克

調味料 魚露30毫升、檸檬汁10毫升、糖5公克

作法

1 牛肉里肌用魚露、檸檬汁、紅辣椒粉、糖醃15分鐘，用熱鍋煎至上色，排入烤盤中，再放入已預熱的烤箱中以180度烤約7分熟後，以斜刀片薄後排盤。

2 白米用乾鍋，以小火慢慢炒8-10分鐘到金黃酥脆時，再切成碎末狀。

3 紅蔥頭、青蔥切片；薄荷葉取葉；小番茄對半切。

4 刺芫荽的邊刺去除。

5 將作法3排入作法1牛肉里肌片的盤中，再放入刺芫荽，最後撒上花生碎和白米碎即可。

刺芫荽葉片有邊刺，若要生食建議以刀或剪刀去除，以免劃破嘴唇皮膚，影響口感，若是煮熟食用，葉片會軟化，就可省略此動作。

炒香的金黃白米脆，香氣誘人。

point/

如果買不到刺芫荽，可直接以台灣市場常見的一般芫荽替代，份量多些即可。

檸檬香茅

Lemon grass

Cymbopogon citratus

觀賞　料理　精油　香氛　驅蟲

別名：檸檬草、香茅草

產地：原產於亞洲，印度、斯里蘭卡、印尼、非洲等熱帶地區

利用部位：葉、基部嫩莖稈

清新宜人的萬用香茅，內服外用都無懈可擊

檸檬香茅為多年生的熱帶芳香植物，有灰色圓錐形的花，整株植物散發出沁人心脾的檸檬香味，常見於南洋料理。新鮮或乾燥後的檸檬香茅都具有宜人的檸檬香氣，可替代檸檬做檸檬水。

檸檬香茅的應用極廣，不僅可調製茶飲、泡澡、點心，更是調理肉類、魚類等湯頭料理的絕佳香料。萃取的精油還可做為芳香療法、香精料、香水、化妝品等用途，不僅氣味芬芳且有驅蟲防蚊、殺菌抗病毒的作用，從古至今受到醫家的推崇，在印度及東南亞國家，香茅草皆為居家飲食必備的萬用香料植物。

檸檬香茅為傳統藥草，含有大量的維生素C，能調節油脂分泌，促進血液循環，改善面色蒼白枯黃，是愛美女性的保養聖品；萃取出來的精油具鎮靜、提神醒腦等功能，因味道重，還能除臭清新、驅除蚊蟲。

應用

- 全草均可使用，鮮草或乾燥的植株葉片與莖稈均具有濃郁的檸檬香味，可替代檸檬調製為檸檬水飲用，還能製作茶飲、點心、熬湯品鍋底、菜餚料理等。使用莖稈時，可稍微用刀背或石臼搥過，如此香氣更能釋放。
- 可萃取製成香茅精油，香精料並運用到香水、香皂、沐浴用品、化妝品等。

保存

- 新鮮的檸檬香茅莖稈，裝入密封袋（罐）置於冰箱冷藏保存，若一次購買的量較大，可放置冷凍室，延長保存期限。
- 乾燥的香茅草，裝入密封罐後置於陽光不會直射的陰涼乾燥處儲存。
- 檸檬香茅應用廣泛、種植容易，最好的方式就是直接在家種植盆栽，即摘即用最新鮮，香氣最濃郁。

適合搭配成複方的香料

與馬鞭草、迷迭香、薄荷、洋甘菊等搭配沖泡成香草茶飲。

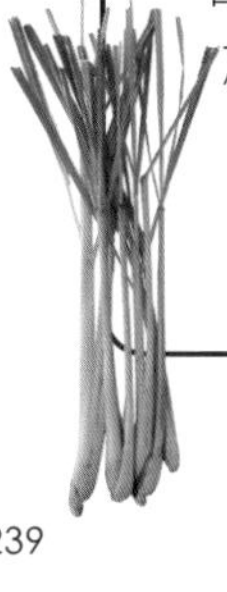

檸檬香茅莖稈

檸檬香茅的基部嫩莖稈部位氣味芳香，被大量使用於烹調上，尤其適合熬煮高湯或做為火鍋的湯頭香料。

乾燥檸檬香茅

乾燥後的檸檬香茅香味不減，可泡茶飲或作為沐浴劑、潤絲精等，乾品還有除臭效果，也可加於洗澡水，泡澡解除一身的疲勞，恢復精神、回復能量。

南洋香料

泰式檸檬香茅烤鮮魚

淡淡檸檬味的香茅搭配麥香十足的啤酒去腥增香，烤好後還有開胃解膩的效果。

香料 新鮮檸檬香茅2支或乾燥香茅3支、白胡椒粉適量

材料 鮮魚180公克、洋蔥60公克

調味料 啤酒100毫升、鹽適量

作法

1 鮮魚去魚鱗、內臟，在魚皮表面劃刀。

2 把檸檬香茅塞入魚肚內，再於魚身上淋啤酒、鹽、白胡椒粉。

3 以預熱好的180度烤箱烤約20分鐘即可。

新鮮的香茅葉型扁長，葉緣銳利，料理用的多是莖稈部位，葉片則可泡成香草茶。

point/

這裡不用台灣米酒，而是取泰式生啤酒的麥香味搭配香茅，再經高溫熟成後轉成甜味，而不是要取真正的酒氣來去腥。

月桂葉

Bay Leaf

Laurs Nobilis

象徵智慧榮耀的月桂冠，燉煮料理增香最適宜

料理 觀賞 香氛 驅蟲 藥用

別名：月桂、玉桂葉、桂樹葉、香葉、天竺葉

產地：原產於中亞細亞、地中海沿岸，主產地於西班牙、摩洛哥、義大利、英國、希臘、法國等地區

利用部位：葉片、果實

↓ 土肉桂葉

散發清爽淡雅氣息的肉桂葉，具有強烈的矯臭性與防腐功能，只要在米桶中放一小片，便可以達到驅除米蟲的功效。

↑ 乾燥月桂葉

月桂葉的味道苦而辛辣，散發的氣味比味道更受人注目，當脫水乾燥後香氣會更具藥草特質並帶點花香，有點類似蘑菇草和麝香草。

南洋料理相當普遍的香料保健植物，可開脾、消脹氣、緩和疼痛、治療皮膚病。入菜能開胃，刺激食慾及消除疲勞、增進活力，萃取的精油也可安撫情緒、舒緩緊張。

新鮮的月桂葉性質溫和、香氣宜人，月桂葉切碎或乾燥後香味不會減淡，反而變得濃烈，料理上能幫助提香、去除肉腥味，並有防腐效果，是歐洲、地中海、中東、南洋各地區烹飪中極為常見的調味香料植物。一般多用於料理煲湯、燉肉、海鮮和蔬菜，通常是整片，或連莖與其他香草綁成香草束一起入鍋燉煮，料理出味後取出。

月桂葉在在古希臘羅馬時期，代表著智慧與勝利，羅馬帝王賜予的「桂冠」便是由月桂葉編織而成，具有重要的象徵和文學意義，可見其重要性。

應用

- 月桂葉常作為料理調味，如煲湯、燜、燉、煙燻。
- 切碎或磨成粉末的月桂葉比未經切割的葉片能釋放更多香味，但因粉末難從菜餚中移除，可包入紗布茶包後再入菜燉煮。
- 月桂葉的特殊香氣，也被用以驅除各種嗜甜的昆蟲或是白米蟲。
- 月桂葉含有香葉烯和精油丁香酚，可提煉做香水的基底。
- 根和果實也能提煉做發汗劑及催吐劑，全株植物的藥用價值非常高。

保存

- 新鮮月桂葉可以放冰箱冷藏，或置於通風陰涼處，葉子會自然風乾香氣也會漸漸變淡。
- 乾燥月桂葉開封後要密封完整，置於陰涼乾燥處，以維持風味。

適合搭配成複方的香料

- 搭配薑、蒜、黑胡椒調製成醃肉香料。
- 搭配胡椒、辣椒、豆蔻、薑黃、茴香、孜然、丁香等調製成印度咖哩配方。

南洋香料

越式豬五花燉蔬菜

月桂葉微微帶苦，但與食材一起燉煮後會有濃郁的香味散出，只要掌握好份量，煮出濃郁好味一點都不成問題！

香料 新鮮月桂葉2片或乾燥月桂葉3片、白胡椒粉適量

材料 豬五花180公克、馬鈴薯80公克、洋蔥60公克、新鮮香菇3朵、蘑菇3朵、小番茄10粒、高湯200毫升、鮮奶油200毫升、沙拉油30毫升

調味料 鹽適量

作法

1 豬五花切塊，馬鈴薯洗淨去皮切塊，香菇、蘑菇切粗片，洋蔥去皮切片備用。

2 熱鍋，加入沙拉油，先將豬五花肉兩面煎上色，再加入洋蔥、月桂葉、香菇、蘑菇片炒香後，加入高湯稍煮，再放入鮮奶油以小火燉煮約15分鐘。

3 在作法2的鍋中加入馬鈴薯煮至軟後，再放入小番茄和鹽、白胡椒粉調味拌勻即可。

肉桂葉和月桂葉常讓人分不清，新鮮的葉片長相相似，但兩者為不同香料，且氣味完全不同。肉桂葉聞來有強烈肉桂香，常用來泡茶（肉桂棒則可入菜、做甜點），月桂葉在東南亞與歐美料理常用來燉煮去腥。

月桂葉（香葉）不只用在南洋料理，在印度、歐美甚至台式料理也都有。香葉需要長時間燉煮味道才會釋出的特性，正好適合和五花肉一起烹調，慢慢煮慢慢入味，讓香氣來去除肉類的腥味。

用月桂葉來做台式料理

香葉筍尖腩肉

香料 香葉5片

材料 五花肉200公克、桂竹筍200公克、薑5片、蔥2根、蒜頭10顆、紅麴1大匙

調味料 紹興酒1大匙、醬油1大匙、糖1大匙、胡椒粉少許

作法

1 五花肉切條；蔥、薑、蒜拍碎，備用。

2 鍋中入油燒熱，爆香蔥薑蒜後，加入五花肉、筍尖略炒出香味，續入紅麴、香葉及調味料拌炒均勻，加水淹蓋過五花肉，以小火燜煮至收汁即可。

月桂葉與香葉

一般來說，香葉指的即是月桂葉，但也有人泛稱肉桂葉、陰香葉、月桂葉三種具香氣的葉子為香葉。新鮮的月桂葉味道溫和，乾燥後則變得濃烈，這股香氣可去除肉腥味並具防腐效果，因此常用於醃製食物，其香氣需要經過久煮才會釋放到食材裡，適合長時間燉煮的料理，不過味道濃厚，不宜放得太多，以免蓋住食材原味。

鹽膚木

Sumac

Rhus chinensis

帶有鹹味的檸檬香，多用來調理肉類

飲料　料理　烘焙　精油　香氛　藥用

別名：五倍柴、五倍子、木五倍子、鹽樹根等

產地：印度、印尼、中國等

利用部位：核果

有清熱解毒功效，尤其根部可治療因感冒引起之發燒、支氣管炎；亦可散瘀止血。外用則可治毒蛇咬傷。

鹽膚木屬漆樹科，可將果實浸泡在熱水中搓揉出味道，像是檸檬水一般，帶著檸檬的酸味及鹽的鹹味，常用於地中海及中東、東南亞料理的調味，在沙拉、肉類及海鮮料理中可取代檸檬汁的功用。伊朗人用它來調味米飯和烤肉；土耳其料理則用於烤肉配菜的調味；在北美則會用來調製飲料。

應用

核果磨成粉製成紫紅色的香料，可用於提升沙拉及肉類料理的風味。

保存

儲存於密封罐中，避免陽光直射的陰涼處即可。

適合搭配成複方的香料

可與黑白胡椒、丁香、肉桂、肉豆蔻等製成Garam Masala作為烤肉的調味料。

鹽膚木是帶有酸香水果味的辛香料，拿來醃肉可以提香，在這裡和肉豆蔻粉、丁香、鹽混合當成調味料，可省去醃製時間，直接入烤箱就能香噴噴出爐囉！

南洋香料

鹽膚木烤雞腿

香料 鹽膚木15公克、肉豆蔻粉2公克、丁香2粒、香菜20公克

材料 雞腿棒160公克、洋蔥80公克、沙拉油30毫升

調味料 鹽3公克

作法

1 洋蔥和香菜都切末。

2 把鹽膚木、肉豆蔻粉、鹽、丁香混合一起和作法1攪拌均勻。

3 再把作法2均勻塗在雞腿棒上，淋上薄薄的沙拉油。

4 放入已預熱的烤箱中以180℃烤25分鐘即可。

point

雞腿棒替換成豬肉也很不錯喔!

-COLUMN-

新住民 帶來豐富的飲食文化

探訪全台東南亞香料街

文、攝影／王瑞閔（胖胖樹）

東南亞風味聚集之處

為了滿足移工與新住民們的消費需求，填補鄉愁，那些故鄉的滋味—東南亞的香料、香草開始出現在不同的蔬菜攤與雜貨店，而且種類越來越豐富。

中和緬甸華新街

離開台北市，中和華新街又有緬甸街之稱，主要是一九六〇年代後，緬甸華僑陸續來到台灣所形成的聚落。雖然形成的歷史背景不同，但是鄰近中和工業區，加上飲食習慣相似，除了緬甸餐廳，也聚集了幾家印尼、越南及泰式料理。假日會有臨時的菜攤販售各式新鮮的東南亞香料植物。

台中東協廣場

因應政府的南向政策，台中的第一廣場於二〇一六年改為東協廣場，服務中部廣大的東南亞移工與新住民。如今東協廣場已是台中、南投、苗栗、彰化等鄰近縣市東南亞新住民、移工的假日重要聚集地，賣有多樣的新鮮香料與在地料理。

台北小馬尼拉、小印尼街

一九九〇年代末期，台北火車站二樓的東南亞商店應運而生。直到二〇〇五年台鐵改為與微風廣場簽約，東南亞商店才紛紛遷離。目前在中山北路上，農安街至德惠街之間有幾家東南亞超市，而金萬萬名店城及週邊街道，假日會有一些臨時攤位販售簡單的東南亞香草與蔬菜（俗稱台北小馬尼拉）。台北車站東側北平西路（天成飯店後面），假日也有臨時攤販（俗稱台北小印尼街）。

中壢火車站

中壢火車站週邊，不管是前站或後站，元化路、中平路、新興路上都有許多泰國、越南、印尼，以及菲律賓小吃店與雜貨店，平日可在這些商店裡的冰箱裡挖到寶。而長江路天主堂周邊也有不少假日才會出現的攤販。

桃園後火車站

桃園市是全台移工人數最多的縣市。桃園及中壢兩大車站，是東南亞商店最密集的地區。桃園火車站後站，延平路與建國路上，形成所謂的「泰國街」。不過這裡，泰國商店不多，還夾雜越南、印尼商店。後火車站出來右手邊的雜貨店騎樓，假日可以見到最多的東南亞蔬果及香草。

彰化、嘉義、台南、高雄火車站周邊

彰化、嘉義、台南、高雄等各大火車站附近，雖然沒有那麼集中，但也都有幾家販售東南亞商品的雜貨店，可以買到乾燥的香料。假日也會有新住民挑著自家栽培的新鮮香草，擺攤販售。

特別介紹

台中東協廣場

到東協廣場彷彿去了三個國家

文／王瑞閔　攝影／王正毅

每週我總是會找一兩天，晚餐後到我的秘密基地尋寶。或是買一些新鮮蔬果，或是買香料、雜貨。

這兒不是生鮮超市，也不是傳統市場。老闆和顧客說著一口我聽不懂的語言。在這裡，我是一個「外來者」。我不是旅居海外的華僑，是住在台灣第二大都市台中的台客。而我的這處秘密基地也不是位在什麼暗巷或廢墟之中，而是一九九〇年代台中紅極一時的百貨大樓—第一廣場，二〇一六年，配合政府的新南向政策，改了一個很潮的名字叫做東協廣場（編註：東協全名為「東南亞國家國協」）。

放眼望去，泰文、越南文、印尼文的招牌衝擊視覺，彷彿置身國外。印尼餐廳著名的是沙嗲、巴東牛肉、炸天貝；而魚露混著檸檬香氣的河粉、法國麵包、外皮透明的春捲，是來自越南的風味；還有酸辣層次豐富的泰式料理，在在令人垂涎。更甭提菜攤上那些不知如何食用的「蔬菜」？散發著特殊的氣味。走一趟東協廣場，彷彿到了三個不同國家。

好多新鮮香草料 帶來了驚人的消費力道

東協廣場的興起跟新住民與移工有關。一八八九年台灣首次開放外籍移工來台。一九九〇年代末期，隨著移工人數不斷增加，台灣北中南東各主要城市的火車站，假日開始出現移工人潮。聰明的生意人紛紛經營起各式各樣掛著越南文、泰文、印尼文的小吃店、雜貨店、通訊行、美髮店……這些商店的老闆娘，幾乎清一色是新住民。他們是一九九〇年代政府推動南向政策後，陸續遠嫁來台。

時到今日，來自印尼、越南、菲律賓、泰國、柬埔寨等東協國家的新住民和移工，分別約18萬人和68萬人。而台中的第一廣場由於交通便利，腹地廣大，除了第一廣場本身，週邊聚集了約近千家以移工為目標客群的店家。除了在台中工作的9萬多名移工，加上南投、苗栗、彰化等鄰近縣市，大約有17萬個移工假日經常聚集至此。根據台中市經發局估算，移工每個月在第一廣場附近消費約一億兩千萬台幣，相當於台灣人整年於韓國東大門的消費。

滿足了東南亞的鄉愁，也開啟了我們的眼界

為了滿足移工們的消費需求，填補移工還有新住民的鄉愁，那些故鄉的滋味—東南亞的香料、香草開始出現在東協廣場蔬菜攤與雜貨店，而且種類越來越豐富。從最初乾燥的香料包裝，到近年來的新鮮香草，不只滿足了新住民與移工的味蕾，也滿足了我的好奇心與嘗鮮的慾望。

如果說味道是開啟人類記憶的鑰匙，那麼家鄉料理就是減緩思鄉情緒的良方。東南亞料理中當然不乏我們原本就熟悉的香料，但是上個世紀末期至今，陸陸續續又有許許多多我們陌生的香草被引進，都可以在移工與新住民聚集的東協廣場裡找到。

假蒟

名稱：假蒟/越南洛葉/羅洛胡椒
學名：*Piper sarmentosum* Roxb.
科名：胡椒科（Piperaceae）
原產地：印度東北、中國南部、寮國、柬埔寨、越南、安達曼、馬來西亞、印尼、菲律賓

假蒟原產於東南亞，葉子可食用，亦可供藥用，還可以包肉生吃，包肉烤食，或包肉下去煎或炸，沾魚露來吃。有一種淡淡的香氣，類似九層塔。東協廣場的菜攤上幾乎四季可見。

越南毛翁

名稱：越南毛翁/越南薄荷/水薄荷
學名：*Limnophila aromatica* (Lam.) Merr.
科名：車前科（Plantaginaceae）
原產地：中國南部、東南亞、澳洲、台灣南部、日本

毛翁直接音譯自越南語**Ngò ôm**，在越南料理中通常剁碎加入湯裡、越南春捲中，也可以當生菜吃，有一種淡淡的檸檬草香氣。它的拉丁文學名種小名aromatica是「具有芳香」之意，東協廣場的菜攤四季可見。

叻沙葉

名稱：越南芫荽/香辣蓼/叻沙葉
學名：*Persicaria odorata* (Lour.) Soják
科名：蓼科（Polygonaceae）
原產地：泰國、寮國、柬埔寨、越南、馬來西亞

英文Vietnamese coriander是越南香菜的意思，常會跟俗稱越南香菜的刺芫荽（Eryngium foetidum）搞混。味道跟香菜極為類似，是去越南吃鴨仔蛋或河粉的時候，不可或缺的香料植物。也有人當生菜沙拉吃，除了香菜味，還有淡淡的甜味，東協廣場的菜攤上四季均有販售。

過長沙

名稱：苦菜/過長沙
學名：*Bacopa monnieri* (L.) Pennell/*Lysimachia monnieri* L.
科名：車前草科（Plantaginaceae）
原產地：印度、中國南部、台灣、東南亞

越南文**Rau đắng biển**，意思是苦菜。有苦味，吃後會回甘。是作魚粥、魚火鍋或海鮮料理不可或缺的香料。有時會被加入越南的法國麵包三明治中，也可做蔬菜炒食。東協廣場的菜攤上四季可見。

文、攝影／王瑞閔（胖胖樹）

羅望子

名稱：羅望子/酸豆

學名：*Tamarindus indica* L.

科名：豆科（Leguminosae）

原產地：非洲

羅望子是豆科喬木。原產於非洲熱帶地區，印度及東南亞地區為主要產區，台灣於1896年引進。成熟果假種皮可生食，酸酸甜甜，如照片的未熟果也可以直接生食，酸味較熟果更強。東南亞沒有醋，羅望子便成為東南亞料理中不可或缺的酸味來源，可煮湯、咖哩、沾醬，應用十分廣泛。熟果通常在夏天販售，未熟果在秋天上市，製成醬料或糖果則不受季節影響。

荷蘭薄荷

名稱：荷蘭薄荷/皺葉綠薄荷/皺葉留蘭香

學名：*Mentha spicata* var. *crispata* (Schrad. ex Willd.) Schinz & Thell.

科名：唇形科（Lamiaceae）

原產地：歐洲

荷蘭薄荷又稱皺葉綠薄荷、皺葉留蘭香，是目前台灣最常栽培的一種薄荷，也是萬用的香料植物。越南文**lục bạc hà**，泰文สเปียร์มินต์，泰式料理中的東炎湯或薄荷蝦常用。調酒中的mojito也會使用新鮮的薄荷葉，東協廣場幾乎四季都買得到。

檸檬葉

名稱：劍葉橙/馬蜂橙/馬蜂柑/泰國檸檬/泰國青檸/卡菲爾萊姆

學名：*Citrus hystrix* DC.

科名：芸香科（Rutaceae）

原產地：斯里蘭卡、中國南部、緬甸、泰國、越南、馬來西亞、印尼、新幾內亞、菲律賓

馬蜂橙其實就是泰式料理中的檸檬葉，是使用廣泛的香料，東協廣場週邊的東南亞雜貨店或超市可以買到乾燥與新鮮的葉子，是東炎湯裡的必加香料。

刺芫荽

名稱：刺芫荽/刺芹/越南香菜/日本香菜/泰國香菜

學名：*Eryngium foetidum* L.

科名：繖形科（Apiaceae）

原產地：墨西哥、尼加拉瓜、巴拿馬、哥倫比亞、厄瓜多、祕魯、玻利維亞

刺芫荽的中文俗名很多，除了日本香菜與越南香菜，還有刺芹、鵝蒂、泰國香菜、美國香菜、美國刺芫荽等。英文稱為culantro、Mexican coriander或long coriander。越南文**mùi tàu**，泰文ผักชีฝรั่ง，印尼稱為walangan，馬來西亞稱為Pokok Jeraju Gunung。味道與常見的香菜十分類似，但耐熱耐潮濕，是高溫多雨的熱帶地區喜歡栽培的香料植物。泰式料理中有名的東炎湯（冬蔭功湯）常用香料，東協廣場四季均可見。

斑蘭

名稱：香林投/斑蘭/七葉蘭
拉丁學名：*Pandanus amaryllifolius* Roxb./*Pandanus odorus* Ridl.
科名：露兜樹科（Pandanaceae）
原產地：原產地不詳，可能是印尼或東南亞

與香茅和檸檬葉一樣，是多用途香料，尤其最常使用在甜點上，如用在印尼知名甜點斑蘭丸子，泰式料理中的斑蘭葉包雞。東協廣場四季皆可買到新鮮的斑蘭葉。

越南薄荷

名稱：越南薄荷
學名：*Mentha×gracilis*
科名：唇形科（Lamiaceae）
原產地：雜交種

越南薄荷是適合高溫潮濕環境栽培的品種，具有非常強烈的薄荷香氣。越南的雞肉料理一定要使用越南薄荷才道地。此外，越南泡茶也常用到，東協廣場的菜攤上幾乎四季可見。

打拋葉

名稱：聖羅勒/打拋葉
拉丁學名：*Ocimum tenuiflorum* L.
科名：唇形科（Lamiaceae）
原產地：印度

泰式料理中有一道名菜打拋豬肉，但是打拋這種香料植物卻不如這道料理著名。打拋二字反而常被誤以為是料理方式或是絞肉。其實打拋指的是聖羅勒。英文為kaphrao，早期直接音譯做打拋。但是台灣過去沒有引進聖羅勒，泰式料理業者只好以九層塔代替，目前台灣栽培越來越普遍，東協廣場偶爾也能買到新鮮的打拋葉。

檸檬羅勒

名稱：檸檬羅勒/甲曼尼
拉丁學名：*Ocimum×citriodorum*
科名：唇形科（Lamiaceae）
原產地：雜交種

在泰式料理中通常是用來煮湯、煮麵，或是加入咖哩中。種子泡水膨脹，可以做為甜點，類似山粉圓那樣喝，或是用來製作冰淇淋，東協廣場的菜攤上還算常見。

檸檬香茅

名稱：香茅/檸檬香茅
拉丁學名：*Cymbopogon citratus* (DC.) Stapf
科名：禾本科（Poaceae）
原產地：可能是南亞

可以煮湯或生吃，是東南亞料理中萬用的香料。搭配魚肉及海鮮可去除腥味，搭配肉類也十分受歡迎。東炎湯中必加的香料，柬埔寨做魚湯米線也一定會加香茅。東協廣場的蔬菜攤上可以買到新鮮的香茅，雜貨店也有販售乾燥的香茅香料包，四季皆有。

大野芋

名稱：越南白霞/大野芋
學名：*Colocasia gigantea* (Blume) Hook. f./*Leucocasia gigantea* (Blume) Schott
科名：天南星科（Araceae）
原產地：孟加拉、中國南部、緬甸、泰國、寮國、柬埔寨、越南、馬來西亞、蘇門答臘、爪哇、婆羅洲

越南白霞或稱白霞，其實是大野芋的芋梗。口感似蓮霧，並有一股特殊的香味，可以生吃、煮湯或快炒。相較於一般食用的芋頭（Colocasia esculenta），大野芋除了更加巨大外，其葉緣波浪狀，葉脈呈綠白色，十分明顯。跟其他可食用的芋屬一樣，葉片防水，水珠可聚集。東協廣場十分常見，全年均有販售。

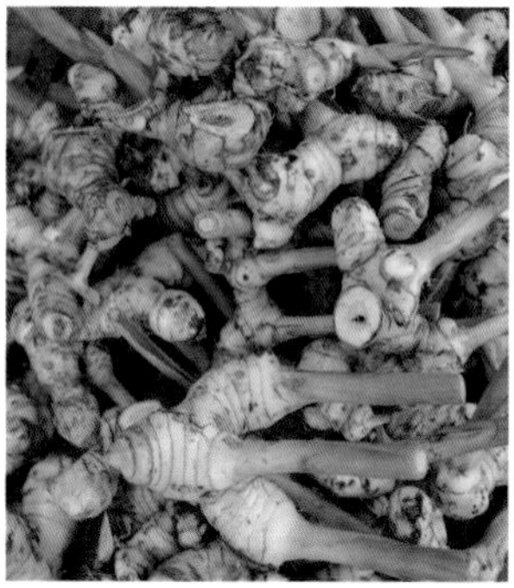

南薑

名稱：南薑/高良薑/紅豆蔻
學名：*Alpinia galanga* (L.) Willd.
科名：薑科（Zingiberaceae）
原產地：中國南部、緬甸、泰國、越南、馬來半島、印尼

台灣常使用的一種香料植物。塊莖磨成粉末狀，有濃郁的香氣，中南部常作為醃李子或牛番茄切盤的沾料使用。東南亞通常用來熬湯，或是加入咖哩，是各種東南亞料理中不可或缺的香料，四季均可見到。

紫蘇

名稱：紫蘇/回回蘇
拉丁學名：*Perilla frutescens* (L.) Britton
科名：唇形科（Lamiaceae）
原產地：印度、東南亞

紫蘇是亞洲地區很普遍使用的香料，有紅紫蘇與綠紫蘇兩個品種，綠紫蘇味道更重，較適合生食。越南通常在燉菜時加入紫蘇葉，或是在河粉上裝飾。此外，魚及蝦蟹料理也常使用紫蘇，一方面去除腥味，一方面去除海鮮的毒素。東協廣場的菜攤上幾乎四季可見。

薑黃

學名：*Curcuma longa* L.
科名：薑科（Zingiberaceae）
原產地：可能是中國南部、東南亞

薑黃是栽培歷史久遠的植物，是藥用植物，也是咖哩中十分重要的香料。咖哩的黃色即是塊莖的顏色，除了做黃咖哩，也用來煮薑黃湯。越南的散餅常用薑黃來染色。印尼常用來做薑黃飯。另外，薑黃也是緬甸料理中魚湯米線的重要香料。四季均可見到，但以冬天為主要產季，圖為薑黃花。

PART 4

印度料理的香料日常

豆蔻、孜然、丁香、小茴香、葫蘆巴、葛縷子……面對著這些帶點陌生又有點熟悉的香料名，是不是很難一時辨認出它該有的味道？

印度人用香料，喜歡一個個把香料的味道慢慢加上或直接混合，**masala**的複方特質，讓人驚艷於印度菜的深邃豐富，卻也同時讓人難以掌握各別的香料氣息。

其實，每種香料都有自己的個性，掌握文化與氣味上的邏輯，可以讓我們在面對印度料理時，更有見解。

在印度，從早上睜開眼，香料生活就開始了！

文／馮忠恬

紅色、黃色、咖啡色、灰色……各種香料一字排開，空氣中瀰漫著濃烈與歡欣的氣息，不過這可不是辦嘉年華會，而是印度人的尋常生活。

印度人做什麼都要香料，從早餐的煎餅、中午的馬鈴薯、印度奶茶、到晚餐的烤雞、小黃瓜沙拉，不論料理、飲料、甜點、零食、點心全都無香料不歡。對印度人來說，從基本的調味到進階的味道全由香料包辦，沒有醬油、味醂、豆瓣醬的印度人，正是靠著香料來

印度市場裡的香料攤。

增香調色。

如果拿各國料理一比，印度慣用的香料味道總是特別濃郁，小茴香籽、芫荽粉、薑黃粉、馬薩拉綜合香料粉（Garam masala，印度什香粉）擺在一起，滿室辛香，而且不像歐美、南洋總喜歡用「新鮮的」，印度料理愛用乾燥香料，且分為原狀、粉狀、葉片狀，常常一道菜裡，加了芫荽籽後等等又要再加芫荽粉，問他們怎麼加了原狀又要粉末，他們會很認真且有自信的說：「顆粒和粉末的味道不同，這道菜兩種味道都要。」因此一道料理往往由七、八種甚至更多的香料混合，深邃濃郁常讓我們的舌頭分不出來，只覺得味道迷人，然後一律稱之為「咖哩」。

是咖哩，更是Masala

在點印度菜時，常看到masala這個詞，有fish masala、chicken masala或vegetable masala等，masala就是混合香料的意思，概念有點像在台灣要做三杯雞，一定會加麻油、米酒、醬油、九層塔、蒜頭、薑片，只不過印度人把這些材料全換成了香料，適合和魚一起煮的就是fish masala、和雞肉最搭的就是chicken masala，每個主廚或家庭的配方都不同，那就是呈現個人特色與味感的時刻了！就拿印度人常用的瑪薩拉綜合香料粉來說，有些人會用二十多種香料製作，有的人只獨鍾六、七種（本書272頁有食譜），除了自己調香外，印度傳統市場裡也都有香料舖，如果今天想煮雞肉，只要告訴店家辣度多少，就能代客調香，超市也賣有調好的masala方便包。

印度人不吃牛肉、豬肉（伊斯蘭

沒有醬油、味醂、豆瓣醬的印度人，正是靠著香料來增香、調色。

印度的街上，常可見賣烤餅的小販。

教徒），因此多以羊肉、雞肉或魚、蝦為主食（另外印度也有很大量的素食人口）。對於不同食材，他們會以不同的masala來處理，面對羊肉時，會選用重味道的香料來壓住羊肉的騷味；海鮮masala的味道較淡，主要用來提點海洋的鮮味；蔬菜一般都會調得比較辣，讓大家可以更下飯。

Masala是印度人慣用的詞，咖哩（curry）據說則和英國人有關。英國人統治印度時，把多種香料組成，看起來黃、紅濃稠且味道濃郁的料理統稱為「咖哩」，從此這個稱號便傳了出去，久了以後全世界都叫印度菜為「咖哩」，其實對印度人來說，咖哩指的是把各種香料混合烹煮後的成品，是「醬料」的意思，而印度咖哩之所以深邃迷人，便在於他們對各別香料在氣味、比例上的良好拿捏，也就是有調製masala的好功夫，所以下次如果碰到印度朋友，不妨以masala來取代對他們咖哩的稱讚，除了會讓他們倍感親切外，也會知道你是內行的。

印度商店裡都賣有調好香的Masala方便包，或混合多種香料原粒的五香粉。

印度香料、masala哪裡買？

Trinity Indian Store
印度食品和香料專賣店
台灣第一間印度香料進口專門店，香料品項齊全，除了個別香料外，也可找到調製好的masala以及印度的零食、烤餅等。

https://indianstoretaiwan.com.tw/

薑黃粉、小茴香粉、芫荽粉，印度最基本的三大調香原料

印度人不用咖哩塊，而是喜歡用香料把味道一個個加上去，如果是原狀香料（如小豆蔻），一定會先用油炒焙爆香，到香料微微膨脹後，再下番茄跟洋蔥一起炒至糊狀，最後再加入芫荽粉等粉狀香料與主要的食材一起燉煮。

聽起來，好像很複雜，尤其各種香料擺在桌上很容易就被氣味與相似的顏色弄得頭昏腦脹，其實印度料理常用的香料約15種，只不過同種香料，比如芫荽，會同時以芫荽「籽」與芫荽「粉」的方式呈現，葫蘆巴的變身程度更大，有葫蘆巴「籽」、葫蘆巴「葉」和葫蘆巴「粉」，然後台灣不知怎的小

吃完濃郁的料理後，印度人喜歡抓一把茴香糖直接放嘴巴，外面包著糖霜的茴香籽，可讓口氣清香、幫助消化。

使用印度香料的貼心叮嚀

使用前才磨粉

印度香料可分為葉狀、原狀跟粉狀，做Masala很常用粉狀香料來調和，不過通常都是使用前才磨粉，未磨粉的原狀香料如：芫荽籽密封保存置於陰涼處可放兩年，磨粉後則需於三個月內用完，以免香氣消失。可用石臼、果汁機或食物調理機研磨，不過以手研磨較不會破壞香氣，且自己做的，就算磨出來帶點小顆粒也很有特色。

咖哩就是香料們最好比例的完美搭配。

茴香和孜然的英文都是cumin，卻有兩種不同翻譯，往往讓人搞不清。

不過如果抓到印度料理的幾個香料重點，就會發現落落長的材料裡，重複的其實不少，只要多實驗幾次，記住那幾種香料的味道，要在家做出讓人豎起大拇指的印度菜就指日可待了。

好比說，只要有「薑黃粉」、「小茴香粉」（孜然粉）、「芫荽粉」就可以混合成最基本的masala。薑黃粉加多易有苦味，適量即可，但小茴香粉和芫荽粉則可依照喜好，喜歡哪個味道都可以再多加一些，這三種調配出來的香料很百搭，之後可以再逐步增加如丁香、葫蘆巴籽、小豆蔻、月桂葉等喜歡的味道。

以優格、牛奶入菜是印度料理的特色

印度香料基本上有三種功能，一種是「染出色澤」（如：薑黃、番紅花、辣椒粉），一種是「增加辣度」（如：辣椒、芥末籽、黑胡椒、蒜泥、薑泥），一種是「增加香氣」（如：丁香、小豆蔻、肉桂、月桂葉等），著名的坦都里烤雞，外面那層紅紅的色澤便是透過辣椒粉來上色。

印度奶茶要用「拉」的才好，藉由高低落差可讓香料味再次釋放。

孜然（小茴香）
Cumin

可單獨和羊肉使用，或用在料理成為masala的一員，是印度很常用的香料，有原狀和粉狀兩種，與茴香籽外觀相近，但較為細長、短小，且顏色也較深。

大茴香（洋茴香）
Anise

味道和八角相近，不少人會把大茴香和八角搞混（甚至中文翻譯也混用），購買時，建議直接以英文辨認（八角的英文為star anise）。印度通常會把大茴香和海鮮一起搭配，其籽的形狀和茴香、孜然等都很接近，但較為圓弧，且氣味不同。

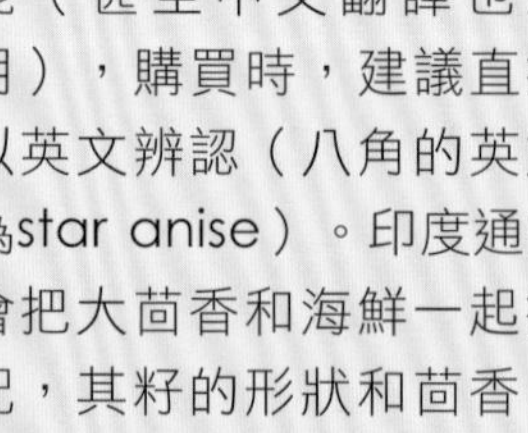

茴香（甜茴香）
Fennel

在歐美的系譜裡，常會拿來和另一個無論味道、長相都很相近的蒔蘿比較，不過歐美料理多用新鮮茴香（可參考112頁），印度料理則以乾燥茴香為主，同樣分粉狀和原狀，常用在甜點或飲料裡，雖然一般的料理不常用，但卻是做喀什米爾料理的重要香料，茴香籽和小茴香籽長相相近，但顏色較深，且顆粒也較大。

幅員廣大的印度，可簡單分為北印度料理跟南印度料理，北印度注重香氣，味道較淡，以烤餅為主食；南印度味濃且辣，以米食為主。其中以優格、牛奶、奶油入菜也是印度菜的特色之一，尤其南印度，常透過牛奶去綜合食物的辣度，讓其依舊可以保有香氣卻又不會辣的難以入口。

台灣吃到的印度菜多半調整過辣度，印度人百分之八十的時間都在家裡吃飯，對於香氣與辣味的接受度就在媽媽的手裡慢慢培養起來，他們從小吃飯配生辣椒是家常便飯，洋蔥也是直接生吃配咖哩，因為幾乎從早上一睜開眼，所有的調味都是以香料為主，對於香氣的接受度很大，不少印度人喜歡用的芥末油，因有強烈的刺激味，台灣人多不能接受，卻是不少印度主廚的愛。

印度香料看似繁複華麗，其實只要知道基本邏輯，認清常用的幾種，下次看食譜便不會深陷在雲霧裡，慢慢也可以試著調和、辨認或烹調出自己喜歡的味道。

一次把所有茴香都搞懂

大茴香、小茴香、藏茴香、甜茴香，到底有什麼不同？翻譯名的相近，常把大家弄模糊，在這邊一次看清楚。

印度藏茴香（獨活草）
Ajwain

和這幾種茴香相比，顆粒最小，且呈圓弧的水滴狀，味道辛辣濃烈，只需少量，就能營造出濃烈的氣味，會跟粉攪拌在一起，用來做炸物。

藏茴香（葛縷子）
Caraway Seed

外觀和茴香籽相似，但更為瘦長且顏色較深，帶點涼涼的味道，相較於其他茴香，味道較為清雅，常用於蔬菜或肉類的烹調，中歐或東歐的料理也常用於香腸、燉肉等。

黑孜然
Black Cumin

和孜然味道相近，但更為溫和深邃，籽的外觀上更為瘦長，且顏色較深，食譜裡可取代孜然，但價格較昂貴，也較不易取得，得特別到印度香料行碰碰運氣。

印度料理常用香料一覽

小豆蔻（綠豆蔻）

和香草、番紅花並列為昂貴的三大香料，嚐起來香甜且帶著些許辣味，在印度奶茶裡喝來帶點薑的味道就是小豆蔻了，也是不少masala的必備。

芥末籽

黑、白芥末籽較常用，帶有強烈的嗆鼻辛辣味，南印度料理很常見，使用時要先過油爆香。

芫荽籽（香菜）

印度料理會用到芫荽粉和芫荽籽，除了做醬外，比較不會直接用新鮮芫荽，香氣討喜，是製作印度咖哩的重要基底。

瑪薩拉綜合香料粉（Garam masala，印度什香粉）

印度最廣泛使用的提香粉，混合多種香料，每個印度家庭或主廚都有專屬的配方，通常會和多種香料混用，或在起鍋前最後撒上，煮個一分鐘提香。

辣椒粉

卡宴辣椒粉（cayenne）跟紅椒粉（Paprika）是最常使用的兩種，卡宴辣椒粉可為料理增添辛辣味，紅椒粉不辣且帶點微甜，兩者都可為料理上色，若食譜看到辣椒粉時可依個人對辣味與香氣的喜好選用。

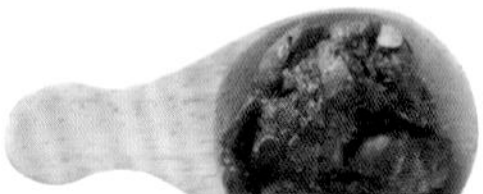

羅望子

是水果也是調味料，在台灣可以買到羅望子醬，可混合棕櫚糖一起做成酸酸甜甜的酸枳醬，是印度人愛用的炸物醬料，不管蔬菜、海鮮、羊肉都可沾（可參考275頁食譜）。

咖哩葉

散發柑橘味的印度香料植物，將葉片搗爛時香氣更明顯，印度常會在咖哩醬汁中加入搗碎的咖哩葉以增加香氣。新鮮時氣味濃郁，乾燥後味道較淡，乾燥葉片可先乾炒或烤過讓氣味更加濃郁後再來烹調。

番紅花

產量稀少，價格高昂，在某些印度咖哩上會特別加入，以增添其華麗感。在使用上要先將番紅花泡水10-15分鐘，待香氣與色澤溶出。番紅花共分五個等級，等級越好溶出的時間越短，且味道越濃郁。

薑黃

薑黃粉又稱為鬱金香粉，是製作印度咖哩很重要的原料，有很好的抗氧化效果，是熱門的養生食材，雖然台灣也有種植，但在台的印度人總說台灣薑黃粉容易越煮越稠，他們還是喜歡買印度進口的味道才對。

孜然（小茴香）

做印度咖哩的重要原料之一，也可以爆香後和米一同煮成小茴香飯或做成小茴香飲料，屬於從料理到甜點都百搭的香料。

葛縷子（藏茴香）

印度香料裡難得不濃郁，氣味清雅的香料，帶點涼涼的味道，常用於蔬菜或魚類的烹調裡，西式料理也常用到。

印度藏茴香（獨活草）

味道濃烈辛辣，會和其他粉混合後用在炸物上，只需少量就能營造出豐厚的氣味。

黑豆蔻

聞起來有樟腦的氣味，乾燥方式又讓其有煙燻的氣息，可做為masala的香料組合，通常用於燉菜、扁豆料理或醃肉上。

黑孜然

和孜然味道相近但更為溫和，可以取代孜然，但價錢較為昂貴。

大茴香

味道和八角相近，適合料理海鮮，或用在湯裡增添香味。

肉豆蔻

淡淡的香甜中帶點辛辣味，少量使用就香氣逼人，不能用多，會帶苦。

月桂葉

燉煮料理中的重要香料，可去除腥味，增香調味。

肉桂（粉）

印度甜點與奶茶裡最常見的調味香料，味道濃郁，也很常見於印度咖哩內，燉煮時則會使用肉桂葉。

黑胡椒

香氣、辣味都和辣椒不同，味道較為溫和，若是黑胡椒粒，使用前會先以油爆香，黑胡椒粉則可調成masala。

丁香

直接食用很苦澀，料理後卻會散發出香草般的微甜，味道濃郁，可少量加於印度奶茶或和其他香料搭配。

葫蘆巴

分為葫蘆巴葉、葫蘆巴籽和葫蘆巴粉，煮咖哩或烤肉時很常用到，屬於行家級的香料，可以引出料理的誘人香氣。

調香篇

Garam Masala
瑪薩拉綜合香料粉（印度什香粉）

每個印度家庭都有自己的Garam masala配方，通常都是由15-20種不等的香料組合而成。在印度料理中，Garam masala的用法有點類似台灣的胡椒粉，即使料理本身已經加了不少香料，還是喜歡撒一點提香。坊間有賣調好的Garam masala，但今天我們也要試著來調香，先照著食譜做，等熟悉了各式香料搭配的味道後，之後也可以調出有自己特色的香料粉。

香料　芫荽籽50克、小茴香籽50克、小豆蔻20克、肉桂棒10克、肉豆蔻乾皮10個、肉豆蔻1/2顆、黑胡椒粒1茶匙、月桂葉4片

作法

1 把所有香料用220度預熱好的烤箱烤5分鐘（但注意不要烤焦），烤一下讓香氣釋放。

2 放涼後，用石臼打磨或以果汁機、食物調理機打碎即可。

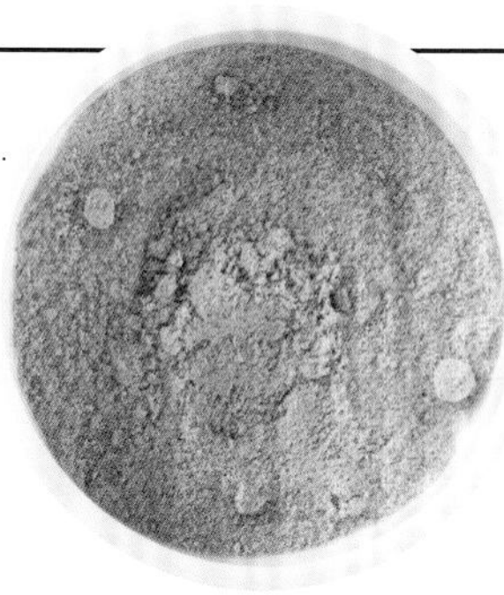

chaat masala

除了Garam masala外，印度還有一種常用的綜合香料是Chaat masala，它的味道較強烈，通常是直接撒在食物上，比如撒在烤好的蔬菜或新鮮的水果上配著吃。Garam masala則是作為起鍋前的調味或是烹調時的提香，兩者在印度香料店都有賣調好的組合包粉。

point

因果汁機轉動時發熱，會稍微影響香料的味道，若有時間，還是建議以手慢磨，慢慢感受味道逐漸融合散出的過程，建議買專門磨香料的石臼，可比較不費力的有效磨粉，且不一定要磨到完全的粉狀，粗粗的可吃到小顆粒也無妨，那是「家裡」才有的特殊口感，同樣美味。

香料醬

香菜醬（芫荽醬）

材料 優格1杯、檸檬1顆、鹽巴1小匙

香料 香菜半把（約300克）、薄荷葉10克

作法

1 將材料與香料全部打成泥。

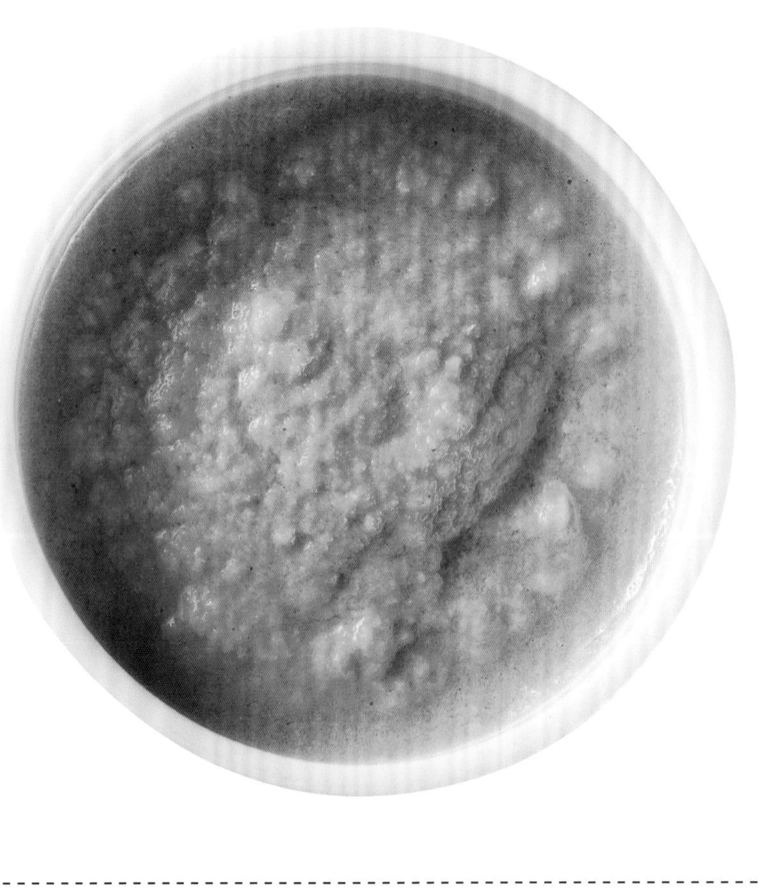

印度料理常見的萬用沾醬，烤、煎、炸物都可沾。喜歡香菜味的人一定不能錯過！

point

如果覺得味道太濃可加水稀釋。

羅望子醬（酸枳醬）

像番茄醬一樣，酸酸甜甜的，炸的蔬菜、海鮮、雞肉、豬肉、羊肉都可沾。印度的路邊攤賣炸的都會附上這款醬料。

材料

無籽羅望子醬1罐（約454克）、棕櫚糖1罐（約500克）、茴香籽1小匙、小茴香籽1小匙、辣椒粉適量

作法

1 小茴香籽跟茴香籽以乾鍋炒一下，打（磨）成粉。
2 把羅望子醬、棕櫚糖拌在一起煮，加入茴香籽與小茴香籽，煮到滾開，棕櫚糖融化。
3 最後加入辣椒粉再煮約1分鐘即可。

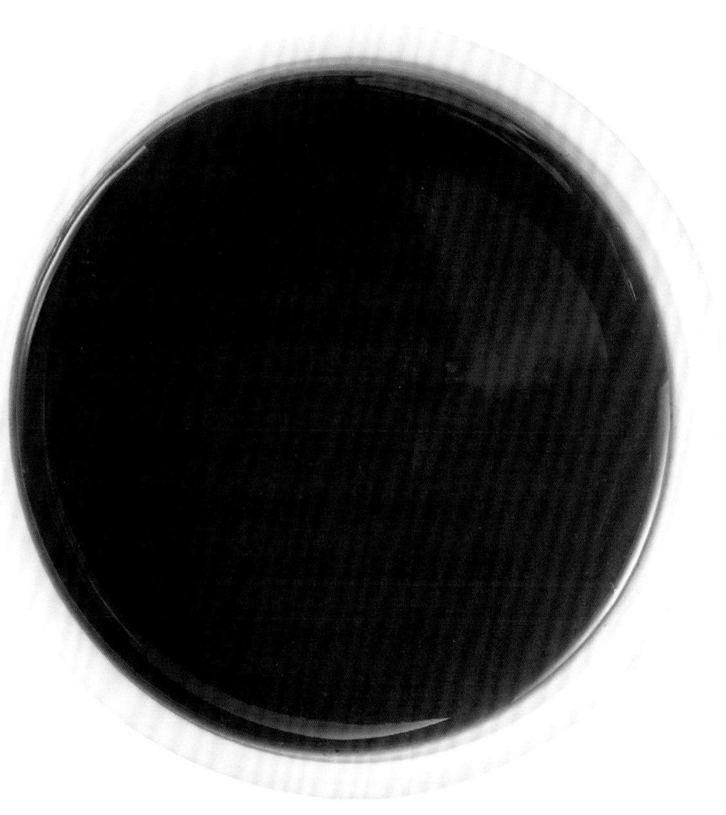

小茴香飯

材料 米1杯、水1杯

香料 小茴香籽1大匙

作法

1 用油爆炒小茴香籽至產生劈啪聲後，撈起放涼備用。

2 將爆炒過的小茴香籽放入白米入電鍋一起煮熟即可。

point

用油先爆炒過，小茴香的香氣會更濃郁。

薑黃飯

材料 米1杯、水1杯

香料 薑黃粉1小匙

作法

1 把薑黃粉倒入一湯匙的溫油（約100-120度）裡，倒入薑黃後立刻加入一杯水。

2 將作法1放到飯鍋裡和白米一起煮熟即可。

印度香飯

材料 長米1杯、水1杯、洋蔥（切片）120公克、腰果（烤過）60公克、奶油適量

香料 小茴香籽2公克、小豆蔻2粒、丁香2粒、肉桂片2.5公分

調味料 鹽5公克

作法

1 用奶油炒香所有香料，撈起放涼備用。

2 另起一鍋，放入奶油炒洋蔥至金黃色備用。

3 將炒過的香料與長米、水一起放入飯鍋，煮熟即可。

4 最後將炒過的洋蔥和烤過的腰果放在煮好的飯上。

point

所有香料先用奶油炒過，香氣會更濃郁。

point

1.薑黃粉（薑黃素）需要油脂或加熱料理，能更好吸收它的營養。

2.如不喜歡豌豆的味道可以不用加，即為簡單的薑黃飯。

豌豆鹹飯

香料 薑黃粉5公克、黑胡椒粒6粒

材料 長米1杯、水1杯、新鮮豌豆60公克、奶油適量

調味料 鹽5公克

作法

1 奶油入鍋加熱（約80-100度），加入薑黃粉和黑胡椒粒稍微炒香後，加入1杯水與鹽混合。

2 將1放入飯鍋裡，加入長米煮熟，再拌入新鮮豌豆燜10分鐘即可。

北印度的料理，喜歡加牛奶、優格來綜合食物的辣度，讓食物雖有濃郁的香料味卻不會過分勁辣。這道融合了數十種香料的雞肉咖哩，以番紅花水為主調，最後再加上瑪薩拉綜合香料粉，香氣十足。

番紅花雞肉咖哩

Saffron Chicken Curry

材料　去皮雞腿肉600克、洋蔥1/2顆（約120克，切小丁或絲或塊）、腰果30克、優格2大匙、薑泥1/2小匙、蒜泥1/2小匙、鮮奶油1杯、鹽1小匙

香料　番紅花芯10-15根、小豆蔻3顆、月桂葉3片、肉桂棒1吋長、丁香2顆、無鹽奶油3大匙、薑黃粉1/4小匙、孜然粉（小茴香粉）1小匙、辣椒粉1小匙、芫荽粉1又1/2小匙、瑪薩拉綜合香料粉1/2小匙

作法

1 將番紅花芯用2大匙溫水泡5分鐘，製作番紅花水。

2 洋蔥、小豆蔻、月桂葉、肉桂棒及丁香，加入可蓋過材料的水一起煮10分鐘，至洋蔥變透明。

3 把水濾掉，將作法2材料和腰果一起用果汁機打成泥。

4 蒜泥和薑泥用奶油小火炒30秒後，加入作法2的香料腰果洋蔥泥、薑黃粉、孜然粉、辣椒粉、芫荽粉、鹽，用小火煮5分鐘，如果太乾可加一點水，以避免腰果黏鍋。

5 加優格、鮮奶油和雞腿肉，再煮5分鐘後，用少許水調整濃度，接著蓋上鍋蓋，大概煮15-20分鐘至雞肉熟透。

6 最後加入作法1的番紅花水和瑪薩拉綜合香料粉，再煮1分鐘即可。

番紅花薑黃飯怎麼做？

1杯米、半杯水、半茶匙薑黃粉、半茶匙鹽巴。以15根番紅花芯用半杯溫水泡5分鐘，再把所有材料一起入電鍋蒸煮即可。（若擔心番紅花礙口，可將其濾出，直接取水入鍋蒸煮）。

point

1.如果覺得味道太濃可加水稀釋。

2.辣椒粉選有辣、無辣皆可，主要是用來上色，愛吃辣者也可再加生辣椒。

北印度料理喜歡加鮮奶、優格來綜合食物的辣度，讓食物有濃郁的香料味卻不會過分勁辣。

番紅花小羊排咖哩

材料 小羊排3-4支、洋蔥切末120公克、蒜末10公克、薑末5公克、鮮奶油150毫升、熱水150毫升、原味優格60公克、葵花油適量

香料 番紅花蕊12根、小豆蔻5顆、丁香3顆、肉桂（5公分長）、薑黃粉2.5公克、辣椒粉2.5公克、芫荽粉5公克、研磨黑胡椒適量

調味料 鹽適量

作法

1 番紅花蕊用50毫升的溫水泡約5分鐘，製成番紅花水。

2 小羊排撒上鹽、研磨黑胡椒，放入平底鍋將兩面煎上色，備用。

3 另將平底鍋放入葵花油加熱，以中火炒香蒜末、薑末、洋蔥末至金黃色。

4 轉小火加入小荳蔻、丁香、肉桂、薑黃粉、辣椒粉、芫荽粉。

5 加入熱水煮沸，再放鮮奶油，煮沸後加原味優格，略煮。

6 最後加入番紅花水，把煎過的小羊排放入，煮沸即可。

point

- 如不能吃羊可換成雞肉。
- 愛吃辣者可加重辣椒粉的份量。

葫蘆巴葉是賦予坦都里烤雞經典味道的重要香料，而且一定要加優格醃口感才對。辣椒粉主要是讓其上色，不過外面很多餐廳都有加色素，如果吃完嘴巴紅紅的就要小心了。

坦都里香料烤雞
Chicken Tandoori

材料

去皮雞腿4塊（1200克，切成塊）、油4大匙、薑泥1又1/2小匙、蒜泥1又1/2小匙、鹽2小匙、原味優格1/2杯、檸檬1/2顆、無鹽奶油適量

香料

喀什米爾紅辣椒粉（kashmari red chili powder）2小匙、乾葫蘆巴葉1/2小匙、芫荽粉1大匙、孜然粉（小茴香粉）1小匙、瑪薩拉綜合香料粉1小匙

作法

1 雞腿去皮劃刀，以便讓後續更能入味。

2 第一道醃料：雞腿肉用1小匙鹽、1/2小匙薑泥、1/2小匙蒜泥和1小匙喀什米爾紅辣椒粉，冷藏醃20分鐘。

3 第二道醃料：加入油、優格、檸檬汁，剩下的薑泥、蒜泥和所有香料，抓勻放回冷藏，再醃4小時。

4 醃好的雞肉放入預熱好的烤箱（220度）烤約25分鐘（或用少許油煎熟），可用刀子劃開或剪刀剪一下查看，烤熟即可。

小知識

Tandoori（坦都里）是印度的傳統烤爐，以黏土或磚砌成的圓桶，底下放炭火，傳統的坦都里烤雞需用此爐來烤，味道最香，在家中以烤箱取代則是方便的作法。

point

1. 烤好後可在表面上塗上薄薄一層的無鹽奶油，味道會更香。

2.喀什米爾紅辣椒粉不辣，主要是幫助上色，也協助在醃製時讓雞肉的水分收乾。也可用paprika辣椒粉代替。檸檬用黃色、綠色都可，味道不同，可視喜好調整。

這道可是印度的經典菜，每個人對香料的觀點不同，調法自然有異，講究一點的甚至會把沙拉油換成香氣濃郁的芥末油。印度人說，Fish Masala 要炸得乾乾脆脆的配咖哩醬才好吃，juicy這一套在這兒可不管用呢！

瑪薩拉煮魚
Fish Masala

材料
鯛魚片300克、洋蔥100克（切丁）、沙拉油6大匙、薑泥1小匙、蒜泥1小匙、番茄2顆（1顆切丁，1顆打成泥）、鹽1/2小匙

香料
小茴香籽1小匙、芫荽籽1小匙、青辣椒1/2根，切末或丁、薑黃粉1/2小匙、芫荽粉1大匙、孜然粉（小茴香粉）1小匙、辣椒粉1小匙、瑪薩拉綜合香料粉1/2小匙、香菜葉（裝飾用）

作法
1 魚片先用份量外的油炸至酥脆。
2 用6大匙油爆炒中火至小茴香籽和芫荽籽產生劈啪響，接著加入洋蔥丁炒至金黃。
3 放入蒜泥、薑泥、青辣椒末、剩餘所有香料和鹽巴，用小火拌炒30秒。
4 加番茄泥和番茄丁，續煮2分鐘後，再倒入1杯水煮滾。
5 湯汁煮滾後，把炸好的魚放進來開小火收汁，盛盤擺上香菜葉即可

point

1.作法1也可用小火慢煎，或也可煎過後再烤一下，增加酥脆感。此種酥脆的感覺會跑到醬汁裡，讓醬料更好吃。

2.通常會叫masala都是因有比較多的香料在裡面，味道會比較重。

就像台灣人每天都要吃飯，印度人則是每日都要吃扁豆，以紅扁豆最好煮爛，當然也可以加入自己喜歡的黃扁豆、大扁豆等，通常就是配著飯、餅一起吃。最後加入奶油可以綜合辣椒粉的辣度，瑪薩拉綜合香料和香菜葉則有很好的調味點睛效果。

家常扁豆香料咖哩
Dal Takda

材料
扁豆250克、無鹽奶油8大匙、洋蔥150克（切丁）、番茄2顆（切丁）、蒜泥1小匙、薑泥1小匙、鹽2又1/2小匙

香料
小茴香籽1小匙、乾辣椒2條、月桂葉2片、青辣椒1根（切末）、薑黃粉1小匙、芫荽粉1大匙、孜然粉（小茴香粉）1大匙、辣椒粉1小匙、瑪薩拉綜合香料粉1小匙、香菜葉（裝飾用）

作法
1 扁豆先浸水30分鐘泡軟後濾乾備用。
2 將作法1放入鍋中，加入兩倍量的水，水中加1小匙鹽和1/2小匙薑黃粉，煮15-20分鐘至熟軟。
3 取另一鍋放6大匙奶油，以小火爆炒小茴香籽、乾辣椒、月桂葉碎，到劈啪響後，放入洋蔥丁，繼續爆炒至洋蔥呈金黃色。
4 加薑泥、蒜泥和青辣椒末，再炒20秒。
5 加入剩餘所有香料（瑪薩拉香料粉除外）和鹽巴，用小火炒30秒後，加入番茄丁，繼續用小火煮1分鐘。
6 放入作法2煮好的扁豆，再加1杯水，水滾後續煮1分鐘。
7 最後放入2大匙奶油、瑪薩拉香料粉和香菜葉即完成。

point

以奶油爆炒香料是小秘訣，會讓料理帶有獨特的奶油香，如果擔心燒焦的話，可用澄清奶油（clarified butter）取代。若家中無奶油，一般沙拉油亦可。

在印度，這道菜常能在小攤販、街邊吃到，可做為白天的點心或輕食，也是正餐的良伴。

鷹嘴豆香料咖哩

材料

鷹嘴豆（熟）250公克、葵花油60毫升、洋蔥末120公克、蒜末5公克、薑末5公克、青辣椒末10公克、水200毫升、紫洋蔥切薄圈80公克、原味優格60公克、檸檬1/2個、香菜葉、鹽適量

香料

瑪薩拉綜合香料5公克、芫荽粉10公克、孜然粉10公克、薑黃粉5公克、辣椒粉5公克、黑胡椒粉0.5公克

作法

1 準備一鍋放入葵花油，以中火炒香洋蔥末、蒜末、薑末、青辣椒末至香味出來。

2 再加入所有的香料以小火慢炒，倒入水煮開後，加入鷹嘴豆、鹽。

3 最後放入原味優格、紫洋蔥圈拌勻盛盤後，放上香菜葉和檸檬即可。

point

若家裡有奶油，也可以將葵花油換成奶油，會讓料理帶有獨特的奶油香。或者可用印度酥油Pure Ghee (Clarified Butter)，風味會更道地。

南印度盛產椰子，他們很喜歡在料理加入椰漿或椰子粉，不但可綜合食物的辣度，也會讓料理的香氣更濃郁。因此別看這道菜好像辣味十足，其實椰漿可減低辣味，如果還是擔心的話，少放一根青辣椒也沒問題！

椰漿蝦
Coconut Shrimp

材料

大蝦（明蝦）330克、洋蔥160克（切丁）、青辣椒2根（切絲）、油5大匙、薑泥1/2小匙、蒜泥1/2小匙、番茄1顆（切扇形大塊）、椰子粉3大匙、椰漿1杯、鹽1小匙

香料

芥末籽1小匙、咖哩葉8片、辣椒粉1小匙、薑黃粉1/2小匙、芫荽粉1小匙、孜然粉（小茴香粉）1/2小匙、瑪薩拉綜合香料粉1/2小匙、香菜葉適量

作法

1 用油爆炒芥末籽至產生劈啪聲後，加洋蔥和1/2小匙鹽，續炒至金黃。

2 加入青辣椒和其他香料（綜合香料粉與香菜除外），炒15秒後，即可加入椰子粉、椰漿、大蝦、番茄塊和1杯水，拌勻後煮至蝦熟透。

3 最後加入瑪薩拉香料粉拌勻，最後撒上香菜葉即完成。

point

1.同種作法，蝦也可用魚和雞肉取代。

2.印度南部生產椰子，材料中的油用椰子油、沙拉油或橄欖油都可。

馬鈴薯餅是印度媽媽最常做給孩子吃的點心之一，為了方便，常做成大大的圓餅，份量很足，且多搭著以香菜為主味的芫荽醬和羅望子醬佐食，充滿多層次的風味。

馬鈴薯餅
Aloo Tikki

材料 馬鈴薯2顆（約460克）、玉米澱粉4大匙、鹽1/2小匙

香料 辣椒粉1/2小匙、小茴香籽1小匙、薑黃粉1/4小匙、芫荽粉1小匙、孜然粉（小茴香粉）1/2小匙、青辣椒1根（切末）、香菜葉適量

餡料 油3大匙、鹽1/2小匙、洋蔥50克（切丁）、青豆仁50克、薑泥1/2小匙、蒜泥1/2小匙

作法

1 馬鈴薯用水煮熟，水中加1小匙鹽（份量外）。加鹽巴一起煮比較快熟也會入味。

2 把煮熟的馬鈴薯壓成泥，加玉米澱粉和鹽巴拌勻。

3 用油爆炒小茴香籽至產生劈啪聲後，加入洋蔥丁炒至金黃，接著加青辣椒末、薑泥、蒜泥、剩餘所有香料和青豆仁一起拌炒，炒的時候邊把青豆仁壓碎。

4 把馬鈴薯泥塑形成小圓餅，中間包入步驟3香料青豆餡。

5 鍋中加入植物油和少許奶油（總油量至少蓋過半個圓餅），將馬鈴薯餅煎脆即可。可加入香菜醬和羅望子醬（可參考食譜274頁）佐食。

point

1.因為加了玉米澱粉，以中、小火慢煎，可以煎出酥脆感（大火易焦）。

2.內餡也可以加腰果、開心果等堅果或豆類、肉類（如豬、羊絞肉）等，加葡萄乾則會變得甜甜的很討喜，配點小黃瓜沙拉就可當一餐。

馬鈴薯薄餅是馬鈴薯餅的變化版，是印度媽媽常做給孩子吃的點心之一。

馬鈴薯薄餅

材料　馬鈴薯（去皮、切絲）350公克、中筋麵粉15公克、奶油10公克、葵花油15毫升、香菜葉適量、鹽5公克、原味優格30公克

香料　辣椒粉2.5公克、薑黃粉1.5公克、孜然粉1.5公克、芫荽粉0.5公克、研磨黑胡椒適量

作法

1 馬鈴薯絲拌入鹽抓過、去水分，再加入所有香料和中筋麵粉備用。

2 奶油、葵花油於平底鍋燒熱，放入1的馬鈴薯絲炒勻、壓平，再用鏟子輕壓，中火轉慢火煎至背面金黃色。

3 接著翻面慢火煎至金黃色，再開四片，旁放香菜葉，附上原味優格一起享用。

point

馬鈴薯加了麵粉後，以中、小火即可慢煎出酥脆感（大火易焦）。

喝膩單純的薄荷水了嗎？這款飲料把小茴香、氣泡水與薄荷的味道搭得恰到好出，很適合夏天消暑，黑鹽則是此款飲料的秘密武器，一口喝下，鹹、涼、甜、香全有了。

小茴香薄荷檸檬氣泡

材料 氣泡水250毫升、檸檬汁30毫升、果糖30毫升、冰塊適量

香料 小茴香粉2.5公克、新鮮薄荷葉6片、細黑鹽適量

作法

1 乾鍋加熱，有熱度後即關火，放入小茴香粉炒至有香味，放涼備用。

2 薄荷葉先用手搓揉過，讓香氣散發。

3 將炒香的小茴香粉、薄荷葉放入杯內，倒入氣泡水、檸檬汁、果糖攪拌。

4 再放冰塊，最後加上適量的黑鹽即可。

point

若無黑鹽也可用一般的海鹽取代。

印度人調製馬莎拉茶時，倒的時候會刻意把茶壺拉高，這個動作能讓香料味更加釋放。

馬莎拉茶

材料 印度紅茶包1-2個、開水250毫升、鮮奶250毫升、薑片1.5公分、白砂糖適量

香料 肉桂棒3公分、丁香2粒、綠豆蔻2顆、黑胡椒粒3粒

作法

1 用乾鍋將薑片、肉桂、丁香、綠豆蔻、黑胡椒粒炒香。

2 紅茶包放入鍋中，倒入開水以小火煮開後，加入1香料一起煮。

3 倒入鮮奶煮至滾開後，再續煮10分鐘。起鍋前以適量砂糖調味。

point

不喜歡肉桂或丁香味也可不加，只放綠豆蔻就可。

小黃瓜沙拉

這是一道吃馬鈴薯餅時，常會附在旁邊的爽口沙拉，簡單拌一拌就可上桌。

材料 小黃瓜（刨絲）160公克、洋蔥（細丁）80公克、薑末5公克、紅辣椒末（去籽）5公克、原味優格80公克、鹽適量

香料 Chatt masala 1.5公克

作法

1 將小黃瓜絲和所有材料、香料拌均勻即可。

point

1. Chatt masala可至印度香料店購買。
2. 拌這道沙拉時不要過度用力，輕輕拌即可（很容易出水）。

印度料理

常用香料

孜然（小茴香）Cumin

Cuminum Cyminum

味道芳香濃郁，與肉類料理最對味

飲料 料理 烘焙 藥用

別名：安息茴香、小茴香

產地：中國、印度、敘利亞、土耳其、伊朗等

利用部位：種子

孜然有殺菌防腐的效果，料理中加入孜然可以暖胃去寒，並且改善消化系統問題、提振食慾。

孜然屬繖型科，中國為主要產地，是中國、阿拉伯、印度等國常使用的香料。具有強烈香氣且略帶辛辣味的口感，能去除牛、羊肉的腥羶味，還可解油膩、增加食慾，尤其經過高溫加熱後香氣更濃烈。

孜然粉為新疆烤肉的主要調味料，「對新疆人來說，孜然的香味帶著魔力，搭配羊肉一起料理，對於當地人而言，就是一種家鄉的味道。」可與其他香料搭配，調製成紅咖哩或綠咖哩，整粒孜然則可與葛縷子及麵粉等製作成印度烤餅。

應用

種子整粒或磨成粉使用，可用於提升肉類料理的風味；或當成咖哩及飲料的調味等。

保存

以密封容器儲存可放置約一年左右，但時間愈長香氣會隨之變淡。

適合搭配成複方的香料

可與辣椒、丁香、薑、檸檬草、芫荽等香料調製的咖哩搭配作為肉類的調味。

印度人總喜歡在蔬菜咖哩的最後撒上一點新鮮的香菜葉，他們說：「這就跟台灣人會在貢丸湯裡加芹菜末，或在蚵仔湯裡加薑絲一樣。」只要一點，就很提味。

印度香料

印度蔬菜咖哩

Aloo gobhi

香料 小茴香籽1小匙、薑黃粉1小匙、芫荽粉1小匙、孜然粉（小茴香粉）1/2小匙、辣椒粉1/2小匙、香菜葉適量、青辣椒1根（分切成4長條）

材料 馬鈴薯2顆（400克，切塊）、白花椰菜1顆（200克，切塊）、洋蔥50克（切丁）、油5大匙、大蒜1顆（切片）、番茄2顆（切扇形大塊）

調味料 鹽1小匙、薑8片（切絲）

作法

1 用5大匙油爆炒小茴香籽至產生劈啪聲後，加洋蔥，炒至金黃。

2 加入青辣椒段、薑絲和蒜片，續炒10秒。

3 加白花椰菜、馬鈴薯、鹽和薑黃粉，充分攪拌均勻後，加蓋小火煮10分鐘。

4 放番茄塊、剩餘所有香料和香菜葉，蓋鍋再煮10分鐘即可。也可在最後撒上一點香菜葉碎增香。

point/

吃咖哩最適合配生洋蔥，而且還要保有洋蔥嗆辣味的才好。印度人總說：台灣人不喜歡洋蔥的嗆味，喜歡過冷水冰鎮，讓洋蔥只剩甜味很可惜。下次吃咖哩時，不妨試試道地吃法，讓洋蔥嗆辣一下。

印度香料

炸黃金餃

Samosa

香料 孜然粉1.5公克、芫荽粉1.5公克、薑黃粉2公克、瑪薩拉綜合香料1.5公克

材料 中筋麵粉450公克、牛油60公克、溫水185毫升、薑末15公克、煮熟馬鈴薯（切小丁）400公克、青豆（燙過）60公克、洋蔥（切丁）120公克、青椒（切丁）180公克、葵花油30毫升、香菜葉碎5公克、檸檬汁15毫升、手粉（麵粉）適量、炸油1公升

調味料 鹽適量

作法

1. 麵團製作：將中筋麵粉過篩到大碗裡，拌入牛油，徐徐加入溫水，慢慢揉至麵團柔軟，再撒上麵粉揉至光滑，加蓋靜置20分鐘。
2. 起鍋加入葵花油，炒香薑末、馬鈴薯丁、青豆、洋蔥丁、青椒，炒約2分鐘。
3. 再加入所有香料，接著拌入香菜葉、檸檬汁和鹽，放涼備用。
4. 檯面撒上麵粉，將麵團擀成厚度約0.3公分，再用圓形模具切成12個圓片。
5. 將內餡包到每片的正中央，麵皮的邊緣沾水，接著對折成半圓形，用叉子將邊緣壓實。
6. 準備油鍋，倒入炸油加熱到180度，將餃子炸成兩面金黃色即可。

這道炸黃金餃是印度很受歡迎的鹹點，辛香味十足，也是必吃的街頭餃子。

point／

喜歡吃肉也可在餡料中另加雞絞肉或羊絞肉，跟著這配方一起烹調。

黑孜然

Black cumin

Nigella sativa

法老般強大的黑色種子，是地中海的古老偏方

飲料　料理　精油　香氛　藥用

別名：黑種草苜蓿

產地：南亞、中東、地中海地區

利用部位：種子

黑孜然一直以來都被人們拿來治療消化疾病，以及治療哮喘和呼吸道問題。種子萃取的油可用於改善皮膚乾燥，讓頭髮更有光澤。

和孜然味道相似，但黑孜然的味道更溫和有深度，是南亞、中東和地中海地區的傳統香料，價格較孜然昂貴且在台灣不易買到，可到印度香料行請店家幫忙留意，在印度菜裡，和孜然的用法相同，地中海地區則常搭配堅果入菜。除了烹飪外，可以製成糖果或釀酒。

黑孜然也有悠久的藥用歷史，其細小的黑色種子所萃取的精油有多種療效，被埃及人視為珍稀之物，還被稱為「法老之油」；現代生物科學研究更肯定了黑孜然油的保健功效。

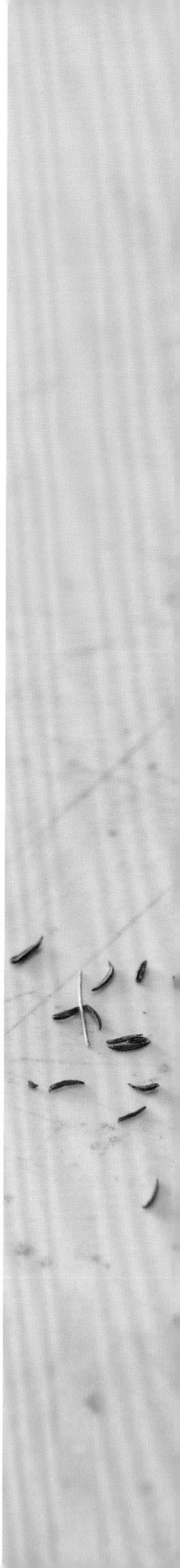

應用

- 黑孜然種子煉取的油，可用於烹飪或直接少量飲用。精油也有芳香作用，可加入肥皂裡。
- 黑孜然的獨特風味，融合了洋蔥、茴香、胡椒等香料，是中東和地中海料理的常用香料。

保存

黑孜然的乾燥種子，或其他萃取物製成品，都需密封保存放在乾燥陰涼處。

大茴香

Anise

Pimpinella Anisum

甘草般的香甜氣味，適合為海鮮及甜點提味

飲料　料理　烘焙　精油　香氛　驅蟲　藥用

別名：茴芹、西洋茴香、歐洲大茴香

產地：中東、埃及、歐洲、美國、墨西哥、印度、俄羅斯、中國等

利用部位：種子

大茴香有助於減少疼痛、消腫等作用。在歐洲常與蜂蜜一起調配成兒童止咳化痰的良方。

大茴香屬繖型科，味道甜美，風味與八角相似。古羅馬人開始把它加進食物裡，除了可以幫助消化，也相信可以招來好運。

印度或中東料理常用大茴香來料理海鮮，或是把它加在湯裡熬煮增添香味；歐洲料理則常使用於糕點中提味；而大茴香也是調製印度Masala奶茶會運用的香料之一。

應 用

使用整粒種子或磨成粉製成香料。可用於提升魚、貝類料理的風味，或用於甜點和奶茶的調味等。

保 存

放置於陰涼乾燥處，保持密封狀態，有助於香氣及風味保存。

適合搭配成複方的香料

可與芫荽籽、大茴香、薑黃、丁香、肉桂、肉豆蔻等香料調製的masala作為海鮮的調味。

大茴香VS. 小茴香（孜然）

大茴香

大茴香的味道有點像八角，小茴香就是我們熟悉的孜然味，但因中文譯名與外型相似，常被搞混。除了聞味道外，大茴香籽的顆粒呈圓弧水滴狀，小茴香則較細長。

小茴香

葛縷子

Caraway

Carum Carvi

具有強烈的堅果香，適合增添麵包的香氣和口感

飲料　料理　烘焙　精油　香氛　藥用

別名：凱莉茴香、藏茴香

產地：荷蘭、德國、加拿大、波蘭、摩洛哥等

利用部位：果實

餐後放些葛縷子在口中咀嚼可讓口氣清新，而用於料理調味時，有開胃、改善胃脹氣及助消化等作用。

葛縷子屬繖型科，植株外觀與大茴香相似，但氣味卻和小茴香十分接近，常用於蔬菜和魚類的烹調中。在民間信仰中，把葛縷子磨碎放進心愛的東西裡，就可以永遠擁有它，不會被人奪愛。

廣泛用於中歐和東歐的肉類料理、燉菜及糕點餅乾，而印度料理中米飯的調味和德國裸麥麵包、香腸中也都可以聞到它的香氣。

應用

果實可直接用於麵包的製作，或磨粉製成料理搭配的醬汁，如北非肉腸的摩洛哥辣醬。也常用在香腸、燉肉等料理中，可去除肉腥味。

保存

放置於陰涼乾燥處，密封保存，以確保其氣味。

適合搭配成複方的香料

可與孜然和辣椒製成辣醬，或搭配月桂葉、百里香作為肉類料理的調味。

葛縷子VS.大茴香

葛縷子

葛縷子、大茴香籽、小茴香籽、茴香籽、藏茴香籽長相都很相似（請參考268頁），一不小心就容易搞混了。比起大茴香籽，葛縷子形狀細長且顏色較深，（大茴香籽呈圓弧型的水滴狀）。且葛縷子的氣味帶點涼涼淡淡的孜然味，大茴香的味道則像八角。

大茴香

印度藏茴香

Ajwain

Trachyspermum Copticum

飲料　料理　烘焙　精油　香氛　藥用

別名：印度西芹子、獨活草

產地：伊朗和北印度

利用部位：葉、果核

香氣濃烈，適合馬鈴薯及魚類料理

印度藏茴香種籽中含有百里香酚成分，對於口腔、咽喉黏膜有很好的殺菌作用。隨身攜帶還可作為防止瘟疫等傳染病的護身符。

印度藏茴香屬繖型科，果核外觀與葛縷子和孜然類似（可參考268頁）。在印度料理中是一種很重要的調味香料，因為味道辛辣濃烈，只需要很少的量，就能營造出濃郁的氣味。

它的果核經過烘烤或用酥油炒過提升香氣後，常用於扁豆料理。或者作為富含澱粉的麵食或麵包、根莖類蔬菜及魚類的調味，有時也會用來調製咖哩或和粉一起攪拌後，用在炸物上。

應用

果核經烘烤、炒過、磨製或在兩手間搓揉破裂後，可以釋放更多的香氣和油脂，再用於料理的調味。

保存

放置於陰涼乾燥處，保持密封狀態，使用前再烘炒過香氣更足。

適合搭配成複方的香料

可與薑黃、孜然、大蒜等香料一起搭配，作為扁豆料理調味使用。

肉豆蔻

Nutmeg

Myristica Fragrans

甜美中帶著辛香，適合肉類及甜點料理

飲料　料理　烘焙　精油　香氛　藥用

別名：肉蔻、肉果、玉果、麻醉果

產地：印尼、巴西、印度、斯里蘭卡、馬來西亞等

利用部位：皮、核仁

肉豆蔻性辛溫，氣味芬芳入脾，對腸胃有益，還能醒酒解毒。中醫運用治療胃寒脹痛，嘔吐腹瀉。其所含揮發油具芳香健胃、驅風作用，也有顯著的麻醉效果。

豆蔻科高大喬木植物—肉豆蔻的成熟種仁，果實取核仁部分乾燥後即為肉豆蔻，為熱帶著名的香料和藥用植物。是中世紀時流行於歐洲的名貴香料，用於調味和醫療用途。十六世紀葡萄牙船隊抵達生產肉豆蔻的印尼摩鹿加群島後，揭開近兩百年香料殖民戰爭的序幕。

獨特的香甜氣味帶著些許辛辣味，揮發性油脂味道強烈，嚐來略帶苦味，少量使用就香氣逼人，肉豆蔻皮和內層的核仁味道相似，是法式傳統béchamel白醬的必備香料，也是中東羊肉料理中少不了的調味。

應用

- 乾燥磨粉後，入菜可去除肉類異味、增香；還能製成糕餅、布丁等甜點或泡茶、調酒。
- 萃取芳香精油，可提振精神，緩解肌肉酸痛。

保存

肉豆蔻果實磨成粉後味道容易散失保存不易，建議整粒密封保存，使用前再磨粉風味較佳。

適合搭配成複方的香料

可與咖哩、丁香、大蒜、小茴香、辣椒、肉桂搭配作為海鮮的調味，製作糕點時則可與肉桂、香草等香料搭配。

肉豆蔻原粒VS. 肉豆蔻粉

肉豆蔻原粒

＊肉豆蔻含有肉豆蔻醚，能產生興奮與幻覺，少量使用（約7.5公克）可讓人墜入幸福的夢境中，但過量會產生昏迷。

肉豆蔻皮是指核仁外面的鮮紅色肉膜，乾燥後味道帶著些許辛辣感。整粒肉豆蔻的質地堅硬，建議使用時再磨粉可讓香氣更濃郁。

肉豆蔻皮

肉豆蔻粉

肉豆蔻的香氣濃烈馥郁，耐高溫久煮，很適合用在燉菜上，結合南瓜等根莖類食材加工成麵疙瘩（或麵條），讓本無味的麵粉類食物清香開胃。

印度香料

南瓜麵疙瘩

香料 肉豆蔻2公克、白胡椒粉適量、荷蘭芹2公克切碎

材料 南瓜250公克、高筋麵粉100公克、蛋液1/2顆、巴馬乾酪粉10公克、牛油10公克、橄欖油15毫升、水1.5公升

調味料 鹽適量

作法

1 南瓜去籽，用電鍋蒸熟挖肉搗泥。

2 把高筋麵粉、蛋液、南瓜泥、巴馬乾酪粉、牛油、鹽、白胡椒粉搓揉成一團，以手指一個個捏成2公分長短大小的生麵疙瘩。

3 煮一鍋水，加入少許鹽至水煮開後，加入作法2的生麵疙瘩以中大火煮約2分鐘後撈起，瀝乾水分，再下油鍋煎至金黃，淋上橄欖油、荷蘭芹拌勻即可。

point／

南瓜亦可以馬鈴薯或地瓜替換。

Cardamom

小豆蔻（綠豆蔻）

Elettaria cardamomum

飲料 料理 烘焙 精油 香氛 藥用

別名：綠豆蔻

產地：瓜地馬拉、印度、斯里蘭卡等

利用部位：豆莢、核仁

香甜微辛，塑造印度奶茶裡的獨特薑味

小豆蔻添加於料理中有助於幫助消化，食用後可保持口氣清新，且有促進血脂代謝，助於減重等功能。

小豆蔻屬於薑科，由於在種植條件上有諸多限制，加上產量不高所以價格不斐，與香草和番紅花同為名貴的香料。在阿拉伯國家，他們會將小豆蔻加入咖啡中招待賓客。

嚐起來香甜且帶有些微辣味的小豆蔻，可提升肉類及蔬菜的甜味，且大量使用於印度料理，是咖哩中必備的香料；而北歐國家則多用於烘焙。

應用

- 綠色豆莢中含有黑色小籽，使用時須稍微敲碎，整粒可用於料理中。
- 乾燥磨粉後可製成香料，用於調製奶茶、咖哩，或是製作糕點。

保 存

豆莢不剝開，放置於密封容器中8-12個月仍可保持最佳香氣。

適合搭配成複方的香料

可與薑、芫荽、白胡椒等作為肉類料理的調味，或與肉桂、丁香、茴香籽等做成印度奶茶。

Black Cardamom
黑豆蔻
Amomum subulatum

飲料　料理　烘焙　藥用

別名：棕豆蔻、香豆蔻、尼泊爾豆蔻

產地：尼泊爾、印度、不丹等地

利用部位：種子

帶著煙燻味，可提升肉類風味

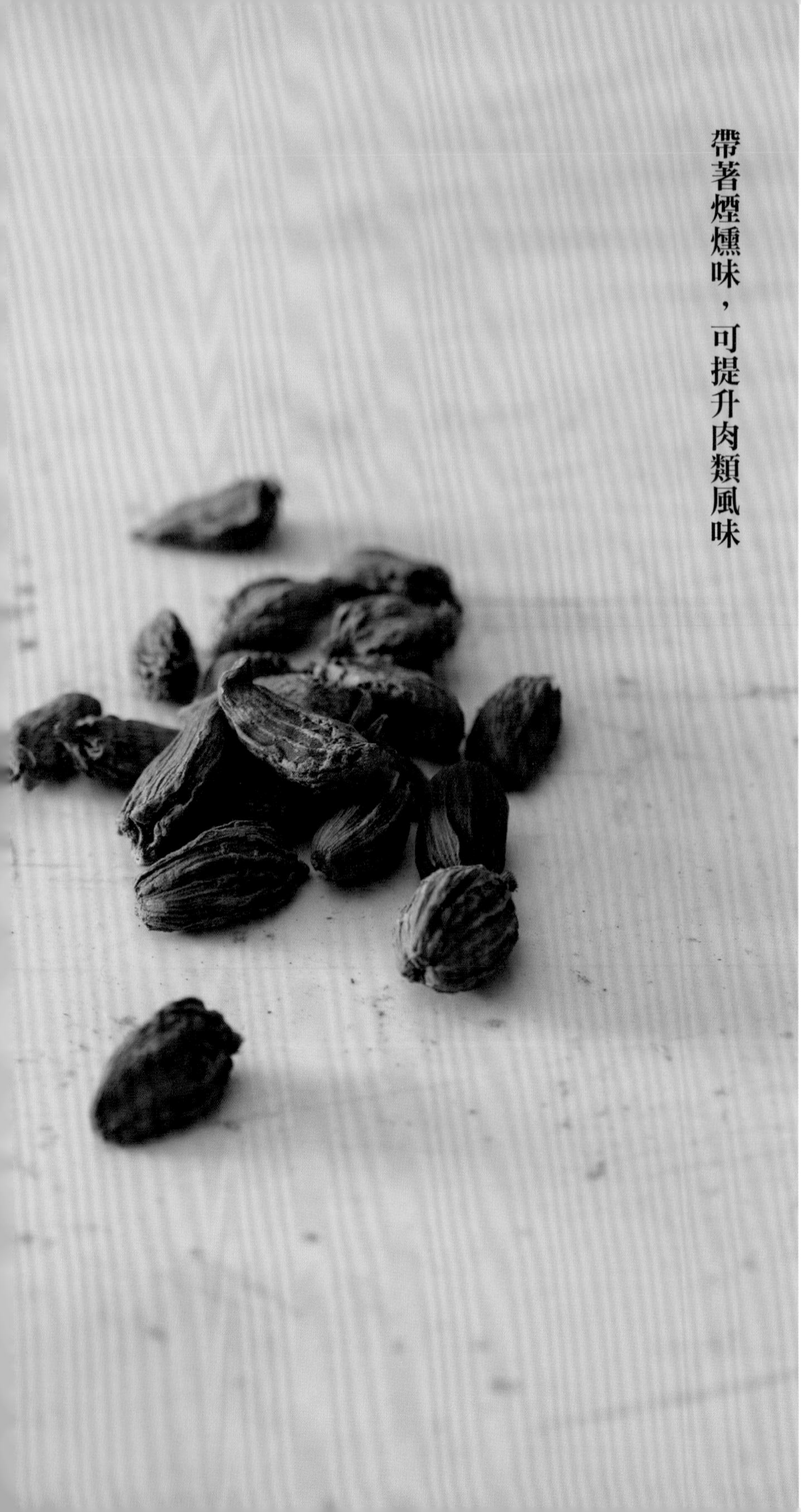

黑豆蔻從古早以來常用於治療各種胃病及牙齒的問題。將整顆放入口中咀嚼可作為口腔清新劑。

黑豆蔻種子的大小介於草果與砂仁之間，經常被拿來取代綠豆蔻，但它的風味更適合辣味料理。整顆果莢裡有許多小種子，聞起來帶著樟腦的氣味，因為乾燥的方式也讓黑豆蔻有煙燻的氣息，適合用來燉肉或是紅燒菜餚。黑豆蔻在印度使用非常大量，因為它也是masala中常用的香料組合。將黑豆蔻整顆先用油炒香讓味道釋出後再料理，多使用於印度燉菜及扁豆料理中。

不過黑豆蔻在一般的超級市場裡不容易買到，得到印度香料專門店碰碰運氣。

歐美香料
南洋香料
印度香料
台式香料
日本香料

應用

適合與肉類及豆類一起料理，或是烹調辣味咖哩時調味。

保存

整顆果莢密封保存，避免剝開後香味散失。

適合搭配成複方的香料

與肉桂、小茴香、丁香、芫荽等調製成綜合的印度香辛料masala。

葫蘆巴 Fenugreek

Trigonella foenum-graecum

別名：苦豆、香豆、香苜蓿
產地：阿富汗、巴基斯坦、伊朗、印度、尼泊爾等
利用部位：葉、種子

飲料　料理　烘焙　精油　香氛　驅蟲　藥用

甜而微苦，是印度料理中常見的調味香料

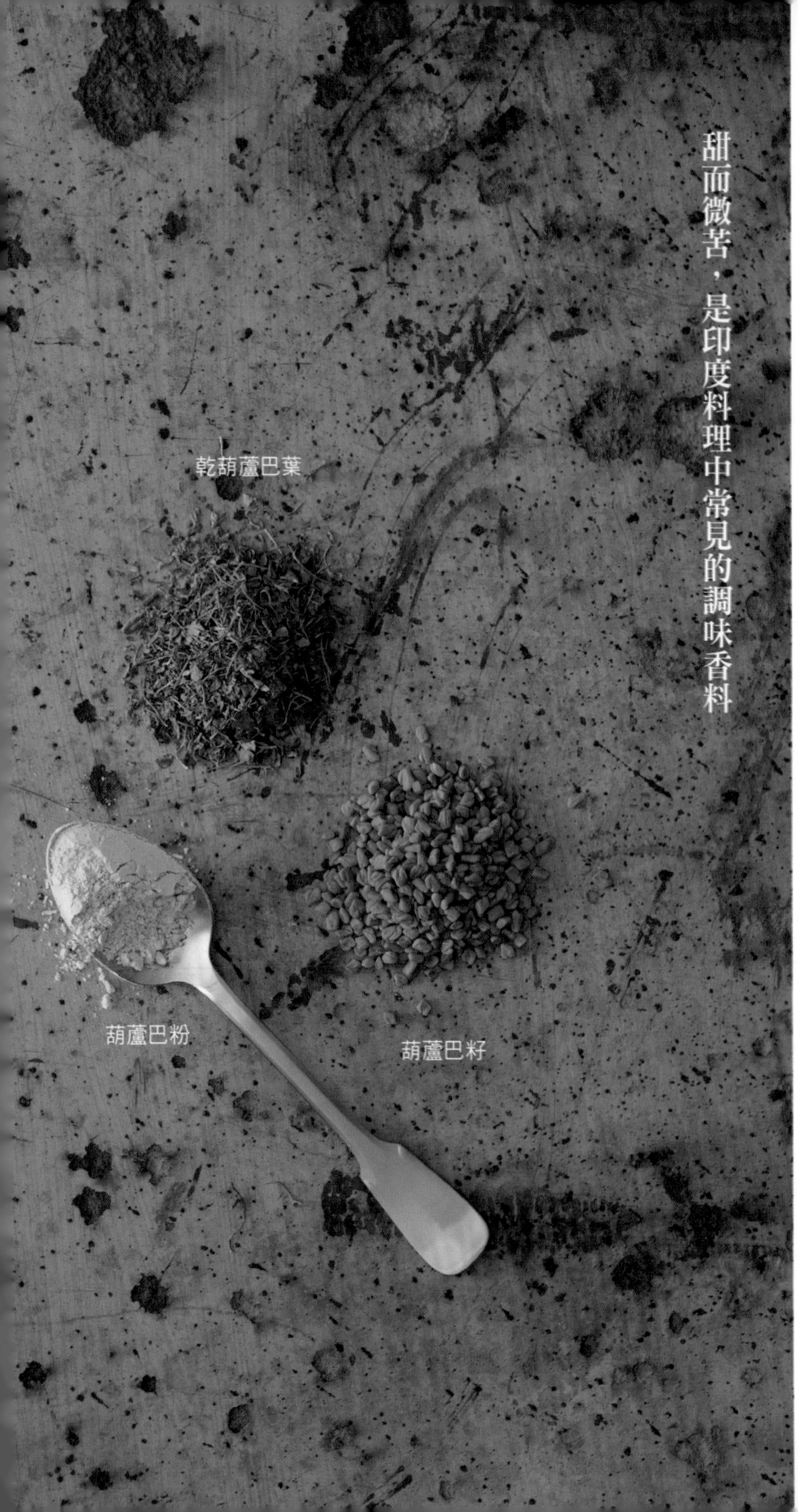

傳統印度阿育吠陀療法及中醫都使用葫蘆巴籽。宣稱具有控制血糖、降低膽固醇等功效，甚至可提升性慾。而女性哺乳期時食用則有助於發乳。

葫蘆巴屬豆科蝶形花亞科，味甜而微苦，種子經過烘烤和磨製後味道更加濃郁，帶著楓糖漿的風味，在印度料理中向來是調製咖哩的香料之一，或用於豆類、蔬菜、烤肉料理中；葉子可鮮食做沙拉；乾燥的種子與葉可一起調製成香草茶，或用於醃漬菜、燉菜及湯的調味。

應用

- 新鮮或乾燥的葫蘆巴葉，或是經烘烤並磨成粉後的種子，皆可用於咖哩的調味。
- 將葫蘆巴籽催芽後培育成芽菜，可以做成沙拉或芽菜捲。

保存

- 新鮮的葫蘆巴葉放入冰箱冷藏可保存一週左右；曬乾後則可保存一年。
- 乾燥的種子或粉則需密封保存。

適合搭配成複方的香料

可與芫荽籽、大茴香、孜然、肉桂等香料搭配作為肉類的調味。

PART 5

台式料理的香料日常

滷牛肉忘了加八角、炒米粉上沒有油蔥酥、麻婆豆腐裡不擺花椒、豬血糕不沾香菜……想著想著，是不是一切都不對味了？

台式香料無所不在，每天都要碰上幾個，有的辛辣、有的帶嗆、有的甘甜有尾韻、有的有柑橘香，它們是不消言說，卻深植在味覺裡的迷人滋味。

台式香料，裡頭有我們熟悉的家鄉味

文／馮忠恬
攝影／璞真奕睿影像工作室、王正毅、林鼎傑

異鄉遊子說：「吃到紅蔥頭，就好像聞到了家鄉的味道。」

在台式料理裡，香料從不明顯招搖，卻是少了會讓人覺得缺一味的關鍵存在。這和吃到蘋果派感覺到肉桂、拿到羊排知道可以和迷迭香一起烤、放鬆時想要來杯薰衣草茶，或迷戀薑黃的養生功效不同。因生活環境的關係，台式料理吃的是一種「認同」與「熟悉」，雖看不到，甚至辨識不出它的味道（有多少人知道甘草或丁香是什麼味？），但若某道菜少了就是會覺得怪怪的，它不像當歸、人參的重口味，卻有種融合在一起的調和，可增香、補味、帶出甘甜餘韻。

爆香要加紅蔥頭，滷包是香料大集結

八角、陳皮、甘草、九層塔、桂皮、三奈、羅漢果、馬告、刺蔥……這些香料名有些聽來陌生，其實都隱身在我們每日熟悉的味道裡，就像牛肉乾裡怎麼可以沒有八角，台南人吃番茄一定要沾的薑味醬油膏，裡面就加了甘草，而那正是讓醬油膏回甘有尾韻的祕密武器；打開阿嬤的滷包，裡面少不了丁香、八角、陳皮、肉桂……，三杯雞如果不加九層塔哪能叫三杯雞！麻婆豆腐裡一定要有花椒呢！

看不見的八角、丁香，常是阿嬤滷肉裡的神祕武器。

如果到鄉下地方，不少阿嬤會直接以茴香煎蛋或炒出滿滿的一盤茴香出來。炒米粉沒加紅蔥頭要扣20分；豬血糕與香菜是搭配上的好朋友；港式煲湯為什麼那麼好喝？因為背後有看不到的羅漢果，如果煮成茶的話，比KTV裡的彭大海更甘甜。

另外，台式料理喜歡爆香，如果爆香只加蔥薑蒜，香味只會到達原本該有的位置，若加入紅蔥頭一起，就有機會上升到香味臨界點，讓香氣更濃郁。而提起紅蔥頭，不少料理師傅都會笑稱：「這是正港台灣味。」尤其炸過後的油蔥酥更是拌麵、拌青菜不可或缺的美味調料。

其實甘草也常和醬油結合，它的甘甜正好中和掉醬油的鹹味，坊間不少餐廳裡吃到的醬油都加了甘草，平常吃的胡椒鹽裡也都有八角和甘草，台式香料常是複合味道裡的一味，就在我們的日常裡。

紅蔥頭炸過後加豬油，就成了台式經典的油蔥酥。

原住民香料刺蔥，又稱「鳥不踏」，根上的細刺就跟它的味道一樣，強烈有個性，連鳥兒也無法踏在上頭。

令人驚豔的原住民香料─馬告、刺蔥

除了一般日常料理常看到的八角、丁香外，原住民香料馬告、刺蔥也越來越常躍上餐桌。馬告帶點檸檬草的味道，新鮮的比乾燥的味道更濃郁，放一點在湯裡，或

在燙青菜裡加上油蔥酥，是我們所熟悉的家鄉味。

跟著魚一起蒸，清香的味道很令人喜歡。也因為其具有清爽的解膩功能，也開始有人加在滷包內，在全是味道都比較沉的香料裡，馬告顯得高昂清香。

根上有刺的刺蔥，味道則和長相一樣強烈有個性，可去除食材的腥味，並透過久煮讓味道融入湯汁內，不管是煮湯、燉肉，或是像香椿、九層塔一樣煎蛋都可。因味道強烈，有緣份的人會很喜歡，後面食譜內和皮蛋一起配搭則是創意十足的美味手法。

談到香料時，大家第一個想到的往往是歐美料理中的迷迭香、羅勒；南洋料理裡的香茅、羅望子；或是印度料理裡的豆蔻、薑黃等。其實台式香料也很精采，只是它太深入我們的生活，不常被標舉出來。如今，總算有機會可以好好觀照它們，如此當下次談到台灣味時，或許從我們熟悉的幾種香料開始延伸，也是另一種好的取徑。

台式料理常用香料一覽

花椒

用炒的味道不容易釋放，必須要嘴巴咬到才會感覺到麻味，做成花椒粉或花椒油使用上較方便。或是整顆入滷汁，就像水煮牛肉般，以長時間燉煮將辛辣麻味引出。

青蔥

台式料理最常用的辛香料之一，常用來爆香、鋪底、切絲生吃、撒在菜餚上，也可以做成蔥油餅、蔥蛋等，品種繁多，以宜蘭三星蔥最知名。

九層塔

味道濃郁，可去腥、提味，是三杯雞的重要香氣來源之一，許多人吃鹹酥雞最後一定要來點炸的九層塔，也可放在湯裡、煎蛋或和茄子、螺肉一起料理。

香菜

涼拌、點綴、引香時使用。葉子不耐煮，通常都是烹調完成上桌前才加，不過香菜梗可以和牛肉一起炒，口感有點像芹菜，香港人會煮成香菜皮蛋火鍋。

薑

依採收期不同分為嫩薑（生薑）、粉薑（肉薑）與老薑，辛辣程度逐步上升。嫩薑多用來切絲做成開胃菜或搭配醬汁；粉薑、老薑去腥效果好，煮湯、爆香都可用，其中薑母更是羊肉爐、麻油雞、燒酒雞的必備，也可做成茶飲、甜品。

辣椒

種類繁多，從辣度極高的朝天椒到沒什麼辣味的糯米椒都有，對無辣不歡者，吃不到生辣椒也要來點辣椒醬，但像糯米椒或綠辣椒則是吃其香氣口感。匈牙利紅椒粉（paprika）近年來也越來越多人使用，幾乎無辣味，帶點香香的甜味，主要用來調色增香。

茴香

有特殊香氣，常用來煎蛋，也可做成煎餅，喜歡其氣味者甚至會炒成整盤青菜。不耐煮，可以切碎後撒在完成的料理上。和蒔蘿長相、氣味皆相似，但蒔蘿的葉子較細且氣味較強烈，常用在醃製或搭配海鮮肉品上。

蒜頭

爆香必備，也可切碎放入醬油調味，台式料理幾乎無所不用，甚至煎牛排，也喜歡放些炸蒜片在旁，生吃、熱炒、煮湯、燉煮皆可，最經典的吃法便是一口香腸配一口生大蒜，還有蒜頭蜆仔湯等。

山肉桂（土肉桂）

台灣原生種肉桂，味道比斯里蘭卡或中國的肉桂溫和，可作為滷包材料，或以肉桂粉來炒豬肉，新鮮葉片也可煮成肉桂茶。因西式肉桂較容易買到，加上味道相似，不少台式料理都將山肉桂和西式肉桂混用。

八角

可磨粉做成椒鹽，也是滷包裡的重要元素，紅燒牛肉麵、牛肉乾也絕對少不了它。

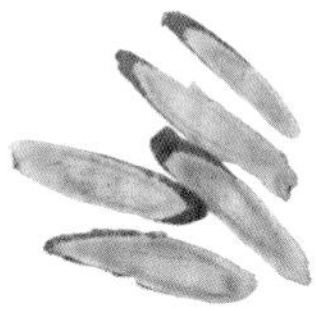

甘草

味道甘甜，椒鹽粉裡常有甘草，有時也會去熬甜點，台式滷包裡隱而不顯的重要元素，可補足回甘的尾韻。

丁香

味強有特色，少量使用就好。在台式料理中，通常不會單獨存在，而是用於五香粉和滷包內，是五香、滷包裡的重要味道。

羅漢果

和甘草相似，味道甘甜有餘韻，大部分的港式煲湯裡都有羅漢果，取其甘醇甜味，可煮湯、燉紅肉、做茶飲。

小茴香（孜然）

味道溫和，會釋放出淡淡果香，通常作為各種味道的中和，滷包的材料之一。

馬告

又稱山胡椒，帶點辛辣味，常用來熬雞湯或醃肉，也可煮成茶飲用。

陳皮

有柑橘的精油味，可去除肉類與海鮮的腥味，常拿來蒸海鮮或炒紅肉。

香椿

味道濃烈，可煎蛋、和紅肉一起炒、煮豆腐或做成香椿醬拌麵、抹土司。

三奈

又稱沙薑，和薑有點類似，但味道保守不辛辣，市面上買到的多是乾燥過的，要經過油炸或燜煮味道才會釋放，煮豬肉時常會用到，尤其紅燒、滷肉，滷包裡也常有。

桂皮

肉桂是用肉桂樹皮製成，桂皮則包含了數種不同的樟科植物，如桂樹、華南桂、陰香等。用來燉肉、同時也是五香粉和滷包裡的重要香料。

紅蔥頭

必須經過爆香或炸過，味道才會逸出。炸過後可做成油蔥酥，是台式料理的經典味道；蔥薑蒜爆香時，加一點紅蔥頭，香味會加乘。

刺蔥

分紅刺蔥與白刺蔥，料理上多用紅刺蔥，味道強烈，可去除肉類腥味，和肉類一起煮湯或燉滷都可，還有人泡成刺蔥酒。

五香滷包

滷包由各式香料組成，是滷汁或滷味的靈魂味道，通常這些香料也有去油解膩及芳香暖胃的效果。

香料　甘草5公克、草果5公克、桂枝2公克、砂仁5公克、八角5公克、小茴香5公克、丁香2公克、三奈5公克

作法

將所有香料烘乾，放入濾袋中即可。

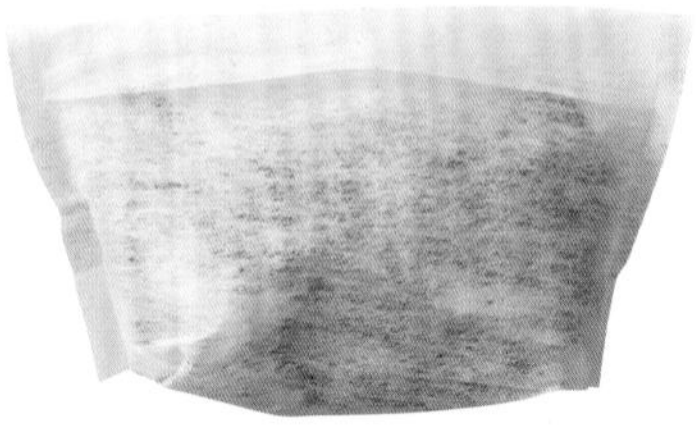

五香粉

五香粉由五種以上香料調製而成，是中式料理中常見的調味香料，經常用於紅燒、滷、煮或是醃製肉類料理等。

香料 丁香5公克、肉桂5公克、小茴香10公克、甘草10公克、陳皮5公克、八角5公克、肉豆蔻5公克、三奈10公克、花椒5公克

作法

將所有香料烘乾，研磨成粉混合均勻即為五香粉。

香料醬

台式特製青醬

材料 糯米椒25公克、花生50公克、蒜頭5公克、橄欖油100毫升

香料 九層塔50公克

調味料 鹽適量、研磨黑胡椒適量、米醋5毫升

作法

1 九層塔洗淨、取葉、瀝乾水分，糯米椒烤過去籽，蒜頭去頭尾，花生以乾鍋炒香備用。

2 將所有食材放入調理機內打成泥狀即可。

傳統義大利青醬用的是甜羅勒，而我們熟悉的九層塔也能做出台式青醬，配方中多加了糯米椒的口感香氣，再以米醋提味，讓整體的味道層次更豐富。

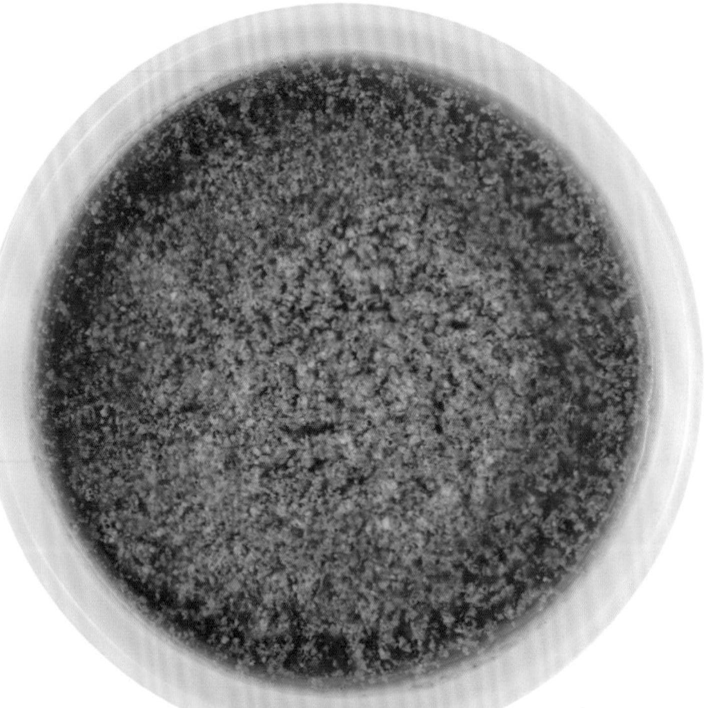

point

不喜歡橄欖油的味道也可換成葵花油，讓底油的味道不會太重。冷藏保存約一週。

台式香椿醬

材料 綜合堅果80公克、薑30公克、苦茶油250毫升

香料 香椿葉120公克

調味料 鹽適量、研磨黑胡椒適量

作法

1 去除香椿葉中間較硬的葉脈，留嫩葉洗淨，瀝乾水分、切末。

2 薑切末，綜合堅果拍碎備用。

3 鍋中倒入苦茶油加熱至中油溫，加入所有材料、香椿末與調味料，小火滾煮約3分鐘後關火，放涼後裝罐即可。

由新鮮香椿製成的香椿醬可做為家裡的常備醬，抹土司、炒麵、煎蛋，做香椿蔥油餅或汆燙青菜都很好用。

point

1. 想做西式口味，可將苦茶油改為橄欖油，不加薑，可加大蒜。
2. 香椿葉的水分要完全瀝乾、陰乾後再切末，之後裝罐才不易腐壞。
3. 也可用果汁機或食物調理機將香椿打碎。

經典菜

肉燥好不好吃，除了紅蔥酥是重要的調味關鍵，另一個賦予甘味（不只是甜）的秘密則是甘草粉，讓口感層次都變得很豐富，也是家鄉味的由來。

家鄉味肉燥

材料 梅花肉600公克、豬皮80公克、蒜頭20公克、乾香菇5公克、蝦米15公克、花瓜15公克、葵花油20毫升、水250毫升

香料 紅蔥頭100公克、甘草粉5公克

調味料 醬油50毫升、冰糖15公克、米酒30毫升、黃豆豆腐乳10公克

作法

1 梅花肉和豬皮切絲，紅蔥頭、蒜頭、乾香菇（泡軟）、蝦米、花瓜，切末備用。

2 鍋中加入葵花油，炒香紅蔥頭、蒜末至金黃色，加入肉絲、豬皮絲、香菇、蝦米、花瓜炒香。

3 加入調味料、甘草粉和水，蓋過食材，開小火煮約20分鐘後，再關火燜一小時即可。

point

豬梅肉和豬皮也可攪成絞肉使用，若喜歡口感多一些的肉燥，建議自己切肉絲會更美味。

每家都有各自喜愛的滷肉做法，令人垂涎的味道，少不了迷人的辛香組合，讓滷肉吃起來不膩口又能回味。

point

燉煮前先將五花肉煎至表面金黃，讓肉汁鎖住，帶有微微焦香味，滷肉更加分。

家香滷肉

材料 帶皮五花肉300公克、青蔥5公克、大蒜5公克、紅辣椒5公克、薑2.5公克、葵花油20毫升、水350毫升

香料 紅蔥頭5公克、八角5公克、月桂葉2片

調味料 醬油50毫升、冰糖30公克、米酒30毫升、豆豉5公克

作法

1 五花肉切厚片，紅蔥頭、青蔥、大蒜、紅辣椒、薑洗淨，濾乾水分，拍過備用。

2 鍋中倒入葵花油，五花肉用慢火煎至表面呈金黃，加入作法1的辛香蔬菜、紅蔥頭及調味料，炒上色再加八角、月桂葉，加水350毫升。

3 以大火煮滾，關小火煮約45分鐘至五花肉軟綿即可。

台式料理常用香料

丁香

Clove

Syzygium aromaticum

料理、藥用外，更是古時候的口香糖

料理　精油　驅蟲　藥用

別名：丁子香、公丁香、雞舌香

產地：印尼、馬達加斯加、馬來西亞、錫蘭等地

利用部位：花蕾

中醫認為丁香性溫味辛，藥用於治胃病、止瀉、消化不良，其丁香油酚更有局部鎮定止痛作用，可作為牙科的止痛劑。

茶褐色丁香並不是果實，而是在花蕾由綠轉紅時採收、曬乾，因其外形像釘子而得名，除是中藥材，也是食物香料，辛辣中帶點苦味，是五香粉和印度咖哩粉的要料之一。

夏季開花時氣味濃到連蚊蠅都遠離，因此堪稱為香氣最濃的香料，古時大臣會直接口含以消除口臭，日本最有名的印尼香煙也加入丁香這一味，內用外服都可，經濟價值相當高。選購時以外觀完整、顆粒大、鮮紫棕色、香氣強烈、油多者為優。

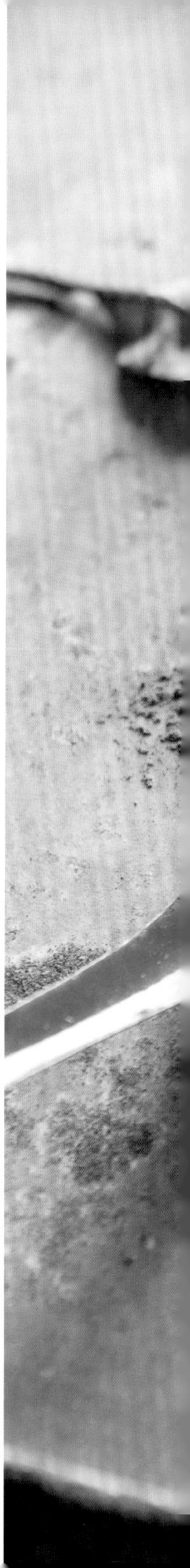

應用

- 丁香本為中藥材，乾燥後亦可當香料用於烹調，可為肉類去腥添香，尤其是滷菜最為適合，如丁香肘子，亦可炒菜、做醃漬食品、蜜餞，加工製茶、釀酒等，如烈酒竹葉青中就有丁香成分。
- 丁香具有特殊香味，也適合搭配甜食如巧克力布丁、糕餅等。
- 花蕾蒸餾所得的丁香油可製成芳香精油，或加工成防蟲藥水。

保存

花蕾乾燥後保存於陰涼、無日光直射處。

適合搭配成複方的香料

乾燥磨粉後與肉豆蔻、肉桂為基底，再與其他香料結合成印度家庭式綜合辛香料，常見於印度料理。

台式香料

丁香燒豬腳

丁香有濃烈的氣味能夠壓制豬腳的肉腥味，經過長時間滷煮，味道進到豬腳中，同時因為它有幫助消化的作用，多少可達到解膩的效果。

香料 丁香10公克、八角5顆、桂枝10公克、花椒5公克

材料 豬腳600公克、蔥3根、薑5片、辣椒2根、蒜頭5粒

調味料 醬油2大匙、米酒2大匙、番茄醬1大匙、糖2大匙、豆瓣醬1大匙

作法

1 豬腳切小塊，汆燙後洗淨；蔥、薑、蒜、辣椒略拍，備用。

2 鍋中入油燒熱，將所有材料、香料放入鍋中小火慢煸至辛香料微焦，再加入調味料拌炒至醬香味出來。

3 加水淹過豬腳，蓋上鍋蓋小火慢滷約1個半小時至豬腳軟綿，揀除香料及辛香料即可。

台式香料

丁香扣鴨肉

一般而言，氣味濃烈的丁香適合與紅肉搭配，去除較重的腥味，也適合與家禽類中的鴨肉一起料理，搭上其他香料，讓肉質吃起來更香甜。

香料 丁香10公克、甘草10片、八角5顆、桂枝5公克、草果2顆

材料 鴨1/2隻、桂竹筍300公克、薑5片、蒜頭10顆、蔥2根、青花椰菜100公克、當歸1片

調味料 醬油2大匙、糖1大匙、米酒2大匙

作法

1 鴨肉切塊；薑、蒜、蔥略拍；青花椰菜切小朵汆燙，備用。

2 鍋中入油，加蔥、薑、蒜及香料以小火炒至香味散發，加入鴨肉續炒肉香味出來後，加調味料拌炒均勻。

3 最後加入當歸及水淹過鴨肉，蓋上鍋蓋煮約20分鐘至鴨肉軟綿後，揀除香料及蔥、薑、蒜等辛香料，盛盤搭配青花椰菜即可。

point/

丁香燒豬腳可以加入桂竹筍、馬鈴薯、紅白蘿蔔或栗子等食材一起滷煮，增添蔬菜的甜味。

八角

star anise

Illicium verum

獨特濃厚辛香味，紅燒滷味必備香料

料理　香氛　驅蟲　藥用

別名：八角茴香、大料、八月珠、大茴香

產地：中國西南方、越南東北部

利用部位：果實

八角的香味來自茴香腦（Anethole），能刺激體肉酵素生成以促進蛋白質和脂肪的消化，同時改善營養吸收，也可舒緩腸躁症。

八角生長在中國大陸南部，別名「大茴香」，跟原生於地中海的茴香味道相近。

八角的果實形狀像八個角的星星，因而得名，在台灣料理中很常見，氣味芳香濃郁，獨特的辛香味中又有甘草和丁香的氣息，只要在菜餚、飲料或甜點裡使用少量，便能提點出鮮明的風味。

應用

- 八角是調配滷汁、醃製或紅燒料理中的主要香料，可去除肉類的腥羶，也可提味。
- 味道與甘草接近，可在料理中替代甘草。

保存

乾燥的八角可密封儲藏一至兩年，研磨成粉約可儲放半年到一年。

適合搭配成複方的香料

八角是五香粉的成分之一，其他成分包括白胡椒、肉桂、丁香、小茴香籽等。

以八角、甘草、米酒泡製的香料水，趁熱拌入炸好的排骨上，雖看不見香料蹤跡，卻有滿滿香味，並能增添溼潤口感。

台式香料

椒鹽排骨

香料 八角10顆、甘草5片

材料 排骨300公克、蒜頭5顆、辣椒1根、雞蛋1顆、酥炸粉1大匙、香菜1根

調味料 米酒100毫升、鹽少許、糖少許

作法

1 將八角、甘草先用米酒浸泡約2天成為香料水。

2 排骨切小塊，沾蛋液後裹上酥炸粉，靜置略醃5分鐘。

3 辣椒、蒜頭切末，備用。

4 鍋中入油燒熱，放入排骨炸至金黃後，整鍋倒入濾網中，把排骨濾起來。

5 原鍋炒香辣椒、蒜末，加入炸好的排骨、糖、鹽拌炒入味後，再加入作法1的香料水拌勻，起鍋盛盤後撒上香菜即可。

point／

有些人會在胡椒粉內加入些許的甘草粉以增加甘甜味，此道食譜在製作香料水時加入甘草，也有異曲同工之妙。

八角味道強烈，不需要太多就能提香、去除肉類腥羶味，尤其適合用在內臟料理。

台式香料

脆皮大腸

香料 八角3顆、花椒粒5公克

材料 豬大腸350公克、薑15公克、青蔥25公克、青蒜苗15公克、水適量、葵花油600毫升

調味料 料理酒適量、醬油50毫升、冰糖10公克、麥芽糖40公克、白醋20毫升

作法

1 豬大腸洗淨，薑、青蔥、青蒜苗輕拍過備用。

2 準備一只鍋放入料理酒、水（量要蓋過大腸）、醬油、冰糖，轉中火煮滾，再放入八角、花椒、薑、青蔥、豬大腸，以大火煮滾，關小火加蓋約煮40分鐘，待豬大腸熟軟撈起。

3 另準備一鍋放入麥芽糖、白醋，小火煮滾再放入2的豬大腸拌勻腸身表面，撈出吊起風乾約20分鐘。

4 起鍋倒入葵花油加熱至160度，將豬大腸炸至金黃色撈出，瀝油，切片。

5 搭配青蒜苗切片享用。

point/

可與酸甜滋味的沾醬搭配，或與蜂蜜、芥末醬也很搭。

Licorice 甘草

Glycyrrhiza uralensis

來自北國荒漠的甘甜滋味

飲料 料理 烘焙 藥用

別名：烏拉爾甘草

產地：中國北部，主要生長在乾旱的荒漠草原

利用部位：根、根莖

甘草含有甘草黃酮等成分，具有抗炎、抗過敏的功效，能保護發炎的咽喉和氣管黏膜，對胃潰瘍等症狀也有緩解效果。

甘草是一種草本植物，中國醫學自古就以甘草入藥，使用根和根莖的部位，多以切片狀販售。顧名思義，甘草帶有獨特的清香甜味，除了作為中藥使用，還可以用來泡茶、入菜。台南人吃番茄喜歡加的薑泥醬油膏，裡面其實就加有甘草，有些餐廳也會在醬油裡加甘草，帶出甘甜感，滷東西時更是必備，雖然味道不如八角強烈，卻可補足強味後頭的餘韻。

北歐人對甘草口味有近乎瘋狂的熱愛，還把甘草糖加入冰淇淋、巧克力等點心裡。

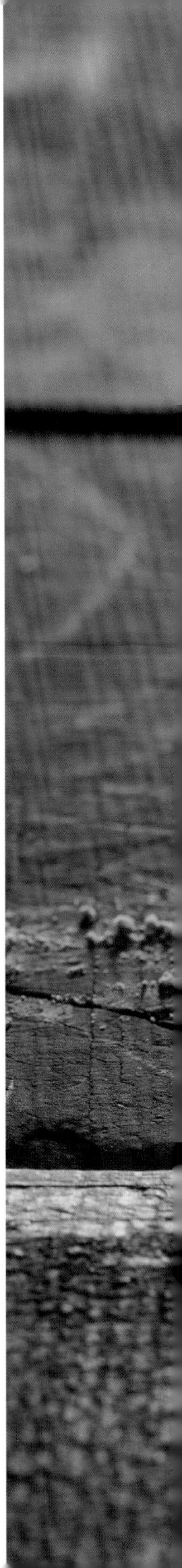

應用

- 直接與菊花或檸檬煮成花草茶，具有清熱解毒的功效。
- 甘草片需透過燉煮味道更易釋放出來，燉湯時加入甘草片，能增加湯頭的甘甜。

保存

甘草片應放在通風乾燥處，避免受潮。

適合搭配成複方的香料

甘草是五香粉的成分之一。料理中加入少許八角、丁香與甘草，有去腥提味的效果。

台式香料

甘露蒸蛋

蒸蛋時沒有高湯怎麼辦？利用甘草帶甜味的特性煮成甘草水後加入蛋液中，一方面去除蛋腥味，另方面可以幫忙提點出鮮甜好味道。

香料 甘草5片、白胡椒粒少許
材料 雞蛋6顆、冬粉1把、蝦米30公克、絞肉100公克、香菜1根、蔥1根、水適量
調味料 醬油1大匙、糖少許、香油1大匙

作法

1 冬粉泡軟剪成小段；香菜葉、蔥切末，備用。
2 將甘草、白胡椒粒、香菜梗加入水中煮到香味出來成為甘草水，備用。
3 鍋中入油把絞肉、蝦米炒熟、炒香，備用。
4 取一調理盆將雞蛋打入，加入等量的甘草水，打勻成蛋液。
5 取一蒸盤，放入作法3、冬粉及甘草蛋液，入鍋蒸熟，取出後撒上蔥花、香菜，鍋中燒熱油淋上。
6 用鍋中餘油加入調味料及等量甘草水煮滾後倒入作法5中即可。

台式香料

椒鹽鮮魷

加了甘草粉的椒鹽味道更溫和不嗆辣，帶有甜味並可提鮮，在海鮮料理或炸物中常見。

香料 甘草粉少許
材料 花枝300公克、雞蛋1顆、西生菜1/4顆、蔥1根、辣椒1根、蒜頭5顆、酥炸粉2大匙
調味料 胡椒粉少許、鹽1小匙、糖1小匙

作法

1 蔥、蒜、辣椒切末；西生菜洗淨、切絲，排盤，備用。
2 將甘草粉及調味料混合成甘草椒鹽。
3 花枝切條狀、再切花刀，先沾蛋液，再裹上酥炸粉。鍋中入油燒熱，放入花枝炸至金黃，撈起瀝乾多餘油分。
4 鍋中留餘油，倒入蔥、蒜、辣椒爆香，續入炸好的花枝拌炒後，撒上甘草椒鹽即可盛盤。

椒鹽裡加點甘草粉提味，是中式料理常見的調味方法，適量搭配，鹹香甘甜能平衡炸物的油膩感。

台式香料

椒鹽花枝丸

香料 甘草粉0.2公克、白胡椒粉適量

材料 花枝250公克、蛋白15公克、太白粉10公克、炸油600毫升

調味料 鹽適量、糖適量

作法

1 花枝肉去內膜，洗淨，瀝乾水分，切成小塊。

2 用調理機把花枝和蛋白打成泥後取出。

3 放入盆中，加入適量鹽、糖、白胡椒粉摔打至有黏性，再拌入太白粉繼續摔打，成花枝漿。

4 另準備鹽和糖各1小匙、白胡椒粉1/2小匙，與甘草粉0.2公克混合成椒鹽備用。

5 鍋內放入水煮滾，做好的花枝漿利用手掌虎口擠壓數個小丸子，放入滾水中煮約2分鐘，待丸子浮出水面，撈出瀝乾。

6 起油鍋放入炸油，以160度，放入花枝丸炸成金黃色，撈出瀝油，搭配椒鹽享用。

point/

花枝丸不論煮湯或油炸都好吃。

陳皮

Tangerine Peel（Chenpi）

Citrus reticulata Blanco

陳年果皮，讓料理更有韻味

飲料　料理　香氛　驅蟲　藥用

別名：橘皮、貴老、紅皮、新會皮、廣陳皮

產地：以中國廣東新會出產的大紅柑，此為材料製成的陳皮，最為有名

利用部位：果皮

陳皮的三大藥效是理氣、燥濕、和中，對心肺系統的症狀如呼吸道感染、咳嗽多痰；脾胃系統如胃痛、嘔吐；以及肝腎系統如脂肪肝、水腫等，都可發揮功效。

橘子剝下的果皮，晾乾一年以上，就成了陳皮。這種藥材被稱作陳皮，因為它越「陳」越好。經天然曬乾的陳皮，所含的揮發油隨時間減少，而黃酮類物質的濃度則越來越高；黃酮類物質有很強的抗氧化作用，在廣東菜裡，常用陳皮蒸魚、肉、海鮮，利用柑橘的香氣來去腥。

陳皮入藥的用途非常廣泛，也可作為烹飪佐料，或製作為零食，在生活中也有許多芳香除臭的妙用。

應用

- 有個快速製作陳皮的捷徑：把橘子皮放進烤箱烤乾，此時果皮散發出淡淡的橘油香味，是天然的芳香劑和乾燥劑。
- 熬煮滷汁、煮粥或其他魚肉料理中加入少許陳皮，可去腥提味，且可讓食物味道更有層次。
- 魚蝦類料理時加入陳皮有殺菌作用，還能平衡魚蝦的寒性。

保存

曬乾後的陳皮應放在乾燥陰涼處以避免受潮，放置時間越久越好。

適合搭配成複方的香料

陳皮和芝麻、山椒、紫蘇、海苔等，是日式七味粉的原料。

台式香料

豉汁陳皮蒸排骨

陳皮帶著柑橘類的清新味道，除了能壓住肉味外，也有去油解膩的效果，所以蒸排骨時，加入陳皮不但可增加風味，也能讓料理的層次更豐富！

香料 陳皮1片

材料 排骨300公克、豆豉50公克、豆腐1盒、薑3片、蒜頭5顆、辣椒1根、香菜梗2根、蔥1根

調味料 醬油膏2大匙、米酒2大匙、糖1大匙、胡椒粉少許、香油少許

作法

1 排骨切塊、洗淨；陳皮泡軟去除內囊；辣椒去籽、蒜頭、香菜梗、薑及豆豉均切末；蔥切蔥花；豆腐切片排入盤內，備用。

2 取一調理盒，將全部食材（蔥花、豆腐除外）及香油外的調味料拌勻，倒入豆腐之上，放入蒸鍋內蒸熟（水滾約12分鐘），取出撒上蔥花。

3 鍋中入少許香油燒熱，淋上即可。

台式香料

陳皮炒牛肉

蠔油炒牛肉口感上帶有甜味，若加入陳皮的柑橘味，則可讓這道菜吃來更清爽不膩。

香料 陳皮2片

材料 牛肉片200公克、筍片100公克、甜豆100公克、蛋液1/2顆、薑2片、蒜頭2顆、辣椒1根、蔥1根、太白粉水適量

調味料 蠔油1大匙、糖1小匙、香油1小匙、胡椒粉少許

作法

1 牛肉片用蛋液、太白粉水略醃；陳皮泡軟去囊切絲；蔥、薑、蒜、辣椒切小片狀；甜豆切菱形，備用。

2 鍋中入油倒入牛肉片過油後撈起，將油倒出來。

3 鍋中留餘油倒入陳皮及辛香料爆香，續入牛肉片、筍片、甜豆略炒，再加入調味料拌炒均勻即可。

陳皮有分解油脂、幫助消化的功效，超適合與豬肉一起料理。

台式香料

苦瓜陳皮燜子排

香料 陳皮15公克（泡水）、白胡椒粉適量
材料 子排200公克、苦瓜200公克、花椰菜120公克、青蔥60公克、辣椒1根、豆豉20公克、水500毫升、葵花油80毫升
調味料 醬油60毫升、糖1大匙

作法

1 子排切大塊清洗過，濾乾水分；苦瓜切塊，陳皮切絲，青蔥切段，辣椒切片，花椰菜切小朵燙熟。
2 起鍋放入葵花油，加熱之後將子排煎上色，再放入豆豉、辣椒片、蔥段。
3 最後加入調味料、水、陳皮絲、苦瓜塊燜煮至入味，再放花椰菜即可。

point/

買到的陳皮如果內側還留有白色皮，要刮掉後再使用，不然會有苦味。

馬告

Mountain Litsea（Maqau）

Litsea cubeba

帶著檸檬香氣，吃進滿口山林芬芳

飲料　料理　精油　香氛　驅蟲　藥用

別名：山胡椒、山雞椒、山薑子等

產地：台灣、印尼

利用部位：果實、葉子

馬告的揮發性成分具安眠、鎮痛、抗憂鬱效用，可調節中樞神經的活性；也有消腫、解毒、止痛的功效。

「馬告」一詞來自泰雅族語，是台灣原生植物，主要分佈在山區的闊葉樹林內。雖然它的中文名字叫「山胡椒」，但果實的味道與胡椒不同，辛辣中蘊含薑的香氣，是原住民傳統料理中的天然香料。

通常拿來搭配魚肉和雞肉，可醃製或煮湯，新鮮的較乾燥的味道強烈，乾燥馬告使用前，可先泡水讓其稍微膨脹回春，香氣更能釋放。除了果實入菜，馬告的樹葉與樹皮也會散發出獨特香氣，可提煉成具檸檬香氣的精油。

應用

- 馬告果實是原住民料理的重要佐料，可增添食物香氣、提振食慾，還可去腥。新鮮嫩葉可入菜，花朵也可泡茶。
- 賽夏族與泰雅族人常以搗碎的馬告新鮮果實泡水飲用，緩解宿醉後的頭疼、身體痠痛等症狀。把葉子或果實汁液塗在皮膚上，也可防蚊蟲叮咬。

保存

早期原住民會將馬告未成熟的綠色果實以鹽醃漬後裝瓶保存；有了冰箱後，則可直接將新鮮果實密封冷凍或曬乾保存。

馬告花

台式香料

馬告雞湯

米酒可提升馬告的香氣，因此在煮雞湯時加入米酒，一來提味、二來可讓雞湯喝起來更暖和。馬告雞湯是原住民很熟悉的味道，以馬告獨特的清香去腥，並增加風味！

香料 馬告80公克

材料 雞肉600公克、美白菇100公克、柳松菇100公克、牛蒡100公克、薑5片、紅棗10顆

調味料 米酒100毫升、鹽少許

作法

1 雞肉切塊；菇類切去尾端、切成兩段；牛蒡洗淨、不去皮、切片；馬告略拍碎。

2 雞肉汆燙洗淨放入鍋中，加水約2公升（淹蓋過食材），加入所有食材煮滾後，關小火煮約10分鐘，再以調味料調味即可。

台式香料

馬告蛤蜊絲瓜

清爽的蛤蜊絲瓜加入馬告一起烹煮，可增添幾分淡雅，讓菜餚的味道更有層次。

香料 馬告30公克

材料 絲瓜400公克、蛤蜊200公克、柳松菇80公克、美白菇80公克、枸杞5公克、薑3片、蔥2根

調味料 香油1大匙、糖少許、鹽少許、胡椒粉少許、米酒1大匙

作法

1 絲瓜用刀背刮除瓜菁、切成菱形；菇類切去尾端、切小段；蔥切小段；馬告略拍。

2 鍋中入油爆香蔥、薑、馬告，加入所有食材拌炒後，續入調味料小火煮至蛤蜊開口即可。

point/

馬告略拍碎，可在烹煮時讓馬告的香氣更易釋放。但要避免整顆破碎無法撈起，如此反而會影響喝湯時的口感。

馬告帶著淡淡檸檬香氣，料理魚或其他海鮮時可去腥提味，讓濃郁的魚湯中帶有清香的隱味。

台式香料

馬告鱸魚湯

香料 馬告2.5公克、老薑10公克、白胡椒粉1/2小匙

材料 鱸魚帶骨450公克、大白菜120公克、筍80公克、草菇20公克、朝天椒0.5公克、葵花油20毫升、水1.5公升、三花奶水15毫升

調味料 鹽適量

作法

1 鱸魚取肉，骨切小塊，魚肉切片，大白菜切絲，筍切筍角，老薑切片，草菇切片，朝天椒拍過備用。

2 鍋內放入葵花油，先將老薑片煎香，放入鱸魚肉煎至兩面上色後取出，再放入鱸魚骨煎香。

3 加入水、馬告、朝天椒，熬煮約25分鐘後過濾，成湯底。

4 加入鹽、白胡椒粉調味後，再加入大白菜絲、筍角、草菇片、鱸魚片、馬告數粒。

5 最後加入三花奶水，讓湯色更濃郁。

point

如喜歡吃更辣，可加泡野山椒或燈籠椒一起煮。

香椿

Chinese Toona

Toona sinensis

樹上的蔬菜，香氣如大樹般性格鮮明

飲料　料理　烘焙　驅蟲　藥用

別名：紅椿、椿芽樹、椿花、香鈴子

產地：原產於中國，生長在東亞與東南亞各地

利用部位：嫩芽、枝幹、樹皮

香椿有非常好的抗氧化效果，能抑制多種致癌物活性、降血糖、降血壓、增強免疫能力等。

香椿原生於中國，樹身可達25公尺，一般用作料理的，是香椿樹在春天長出來的嫩紅芽葉，所以被稱作「樹上蔬菜」，是時令名品野菜，營養價值高。

香椿的樹根與樹皮也有藥用價值，而且近年也因為其保健功能而大受歡迎。

它特殊的香味可取代蔥、蒜入菜，是素食料理中的重要調味品。

應用

- 香椿剁碎後炒香，或拌油，可裝罐保存，適合拌麵，或用作沾醬、調味。
- 新鮮葉子不宜烹煮過久，適合涼拌或做成沙拉。經乾燥的樹皮或枝幹，可煮成香椿茶，有止瀉的功效。

保存

香椿葉必須新鮮食用。經乾燥的樹葉、根枝，須存放於乾燥陰涼處避免受潮。炒香或拌油後的香椿，則最好冷藏保存。

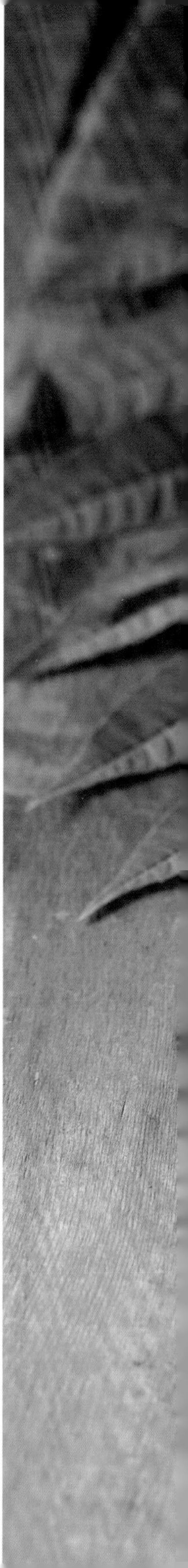

香椿獨特的香味適合與豆腐搭配，當平淡無味的豆腐裹上香椿醬後，每個小四方丁入口都有了濃濃香氣。

台式香料

香椿燒豆腐

香料 香椿醬3大匙（作法請見337頁）

材料 豆腐1盒、豬絞肉100公克、香菇2朵、絲瓜1/2條、蒜末5公克、薑末5公克、松子10公克、蝦米20公克、太白粉水適量

調味料 糖1大匙、鹽少許、香油2大匙

作法

1 豆腐切成四方小丁；香菇、絲瓜也切小丁，備用。

2 鍋中入油爆香薑、蒜末，加入絞肉炒出香味後，續入蝦米、豆腐丁、糖、鹽及香椿醬拌煮入味，加入太白粉水勾芡。

3 起鍋前加入香油，盛盤後撒上松子即可。

point

1.松子可增加口感及香氣，最後撒上有畫龍點睛的效果。

2.松子事先用乾鍋炒香或烤過，香氣風味更足！

3.若不想以太白粉勾芡，也可用蓮藕粉取代，更天然健康。

台式香料

香椿炒百菇

香椿調成醬後可隨時取用，不論是拌麵、拌飯或做料理，都可為平淡中加入精采！

香料 香椿醬45公克

材料 蘑菇60公克、新鮮香菇40公克、鴻喜菇40公克、白靈菇40公克、金針菇40公克、大蒜5公克、薑5公克、紅甜椒30公克、葵花油30毫升

調味料 鹽適量

作法

1 蘑菇、香菇切丁，鴻喜菇、白靈菇、金針菇切小段；大蒜、薑切末，紅甜椒切細絲備用。

2 起鍋加入葵花油，以中火炒所有的菇類，先加適量的鹽讓菇出水。

3 等菇的水分再吸收，加入大蒜、薑末炒出香味，放入香椿醬拌炒均勻即可。

4 盛盤後上放紅甜椒絲。

point/

1.菇類不可炒太乾，會有苦味。

2.最後放入香椿醬拌炒均勻就好，不要過久，避免出油。

刺蔥

Decaisne Angelica tree

Zanthoxylum ailanthoides

飲料　料理　烘焙　精油　香氛　驅蟲　藥用

別名：食茱萸、越椒、紅刺蔥、刺江某、辣子、鳥不踏等

產地：台灣中部海拔1600公尺以下的闊葉林地，是南投名產之一；也見於中國南部和日本

利用部位：葉子、果實

濃濃的原住民風味，為料理注入山野滋味

刺蔥果實做藥用，有溫中、燥濕、殺蟲、止痛的功效；葉子搗碎後外敷，有助於散瘀。

刺蔥分紅白兩種，但一般食用的是紅刺蔥，也就是中式料理中的「食茱萸」。刺蔥還有一個有趣的別名「鳥不踏」，因為枝幹上布滿尖刺，連小鳥也不佇立棲息。

紅刺蔥有辛香氣味，古代曾與花椒、薑並列為川菜「三香」，而它也是原住民的傳統食材，除了入菜，也是民俗療法中常用的草藥。

應用

- 紅刺蔥去腥、去油、解膩、提味；嫩心葉或嫩苗可做菜，邵族的傳統料理之一即是將嫩心葉或嫩苗洗淨後醃漬，風味極佳。
- 葉子曬乾磨粉後，可製成口味獨特的蛋糕、餅乾。紅刺蔥的種子有強烈香氣，也可替代胡椒使用。
- 古人相信紅刺蔥有尖刺及強烈香氣，能避邪擋煞，有些地方習俗會在端午節時在香包裡放入紅刺蔥。

保存

刺蔥葉不易保存，應趁鮮使用；曬乾後磨成粉，可保存香氣。

白刺蔥

刺蔥分紅、白兩種，但一般食用的為葉柄紅色的紅刺蔥，白刺蔥香氣較淡，較不適合烹調。

刺蔥VS. 香椿

香椿

刺蔥與香椿一樣都是羽狀複葉，常讓人分不清，但最好的分辨方法是刺蔥葉脈、葉片上都充滿了刺，香椿則無刺。

刺蔥

台式香料

山胡椒刺蔥雞塊

刺蔥特殊的辛香味，可去肉類的腥羶，還有撲鼻的香氣及治風寒的效果。

香料 刺蔥葉10片、研磨山胡椒5公克
材料 雞胸去皮240公克、炸油600毫升、地瓜粉80公克
調味料 鹽適量、醬油膏30公克

作法

1 雞胸肉切塊狀，研磨山胡椒、刺蔥切碎，加入鹽、醬油膏拌勻，醃製20分鐘。
2 起油鍋加入炸油，熱油約160度，將醃好的雞塊沾地瓜粉，放入油鍋。
3 炸至熟後呈金黃色即可撈起。

台式香料

刺蔥烘蛋

看起來平凡的烘蛋，因為添加了刺蔥醬強烈的氣味，剛好可以壓住皮蛋的特殊味，讓烘蛋風味更好。

香料 刺蔥（取嫩葉、切碎）10公克
材料 雞蛋4顆、皮蛋3顆、鹹蛋2顆、紫洋蔥120公克、葵花油適量
調味料 鹽適量

作法

1 皮蛋以熱水煮7分鐘後，泡冷水降溫、瀝乾，去殼切丁；鹹蛋去殼切丁，雞蛋打成蛋液，紫洋蔥切丁備用。
2 起鍋放入適量葵花油，以中火炒軟紫洋蔥丁，放入蛋液，再加入鹹蛋丁、皮蛋丁、刺蔥碎、鹽，攪拌均勻。
3 另起一鍋放入葵花油，以中火炒作法2，攪拌後讓蛋液定型再翻面，背面也定型即可。

point/

也可用雞腿肉來取代雞胸肉，但醃製的時間要拉長為30分鐘。

point/

如不喜歡皮蛋的味道，也可以只加鹹蛋。

來自台灣原生品種，為料理增添辛辣元素

土肉桂

Indigenous Cinnamon Tree

Cinnamomum osmophloeum

飲料　料理　精油　香氛　驅蟲　藥用

別名：山肉桂、土肉桂、台灣土玉桂

產地：生長在台灣低海拔闊葉樹林中

利用部位：樹葉、樹皮、種子

土肉桂有清熱解毒，可治腹痛、風濕痛、創傷出血的功效。而肉桂醛為天然殺菌劑，可抑制黴菌；萃取出的肉桂精油則可用於改善皮膚病。

肉桂是中西料理中的重要香料，愛吃肉桂捲或喜愛在咖啡奶泡撒上肉桂粉的人，一定對這種香料的味道著迷不已。土肉桂是台灣原生種，使用部分以樹葉為主，肉桂醛成分高達92%，為世界所有品種之冠，具殺菌、防腐功效，其獨特香味也可加入咖啡、糕點、冰淇淋等食品，而且已開發出肉桂酒等高經濟價值商品。

保存

台灣土肉桂的食用部分以樹葉為主，新鮮葉片的香氣、甜味最佳。葉片也可曬乾保存。已曬乾的樹皮則需保存在乾燥陰涼處。

應用

- 土肉桂樹皮有辛辣的肉桂香味，可代替肉桂用作香料。料理肉類時，可加入幾片肉桂葉，有去膩提味的效果。
- 新鮮葉子可泡茶，也可將枝葉煮成肉桂水，做菜時加入可增添香氣。

燉肉料理中，使用肉桂粉或其他的五香粉，都可以提升肉的甜味及去腥。而黃瓜鑲肉的味道清爽不膩，只需用淡淡清香的肉桂粉就可以調出好味道！

台式香料

瓜環桂香肉

香料　肉桂粉少許

材料　大黃瓜1條、豬絞肉200公克、蝦米10克、蔥2根、薑3片、香菇3朵、雞蛋1顆、太白粉1大匙

調味料　醬油1小匙、紹興酒1大匙、糖1小匙、香油2大匙

作法

1 大黃瓜去皮、切成圓圈狀，將籽挖除；蔥、薑、香菇切末，蝦米泡水，備用。

2 取一調理盆，將大黃瓜、豬絞肉、薑、香菇、雞蛋、太白粉、肉桂粉及調味料（除香油外）調拌均勻，持續攪拌至絞肉產生黏性，鑲入瓜環內，排盤後再把蝦米點放在上面。

3 將黃瓜放入蒸鍋中，以小火蒸10分鐘至熟後，取出撒上蔥花，再將香油燒熱淋上即可。

Sichuan Peppercorn

花椒

Zanthoxylum

菜中的靈魂香料，讓食材在舌尖上喧鬧奔放

料理　香氛　藥用

別名：秦椒、川椒、山椒

產地：原產於中國四川，目前的產地有中國、印度等

利用部位：果實

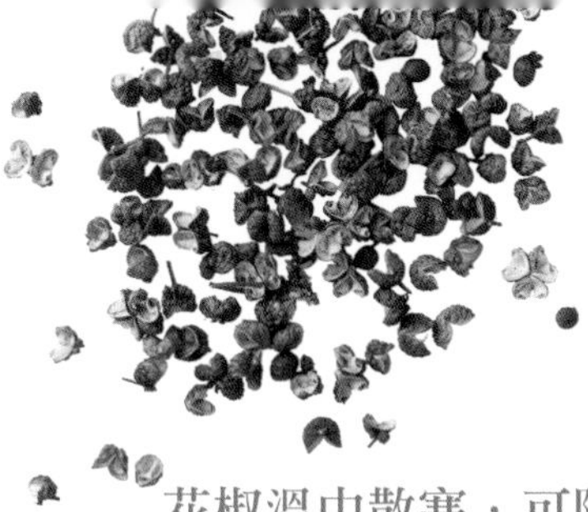

花椒溫中散寒，可除濕止痛、健胃，還會讓血管擴張，從而降低血壓，除此之外，花椒也會讓人食慾大開。

花椒的麻澀辛辣中帶著木質與檸檬香氣的辛香，台灣料理中常使用的是紅花椒，以顆粒大小分為大紅袍和小紅袍，以外皮紫紅、有光澤為較佳品質。

另一個品種為青花椒，果實顆粒碩大，色澤碧綠，味道比紅花椒更辛嗆，麻味也深沈醇厚，是風味最佳的花椒；中國川菜的傳統料理中，大量使用的便是此種青花椒。花椒用炒的香氣不易釋放（眼睛雖看得到但味道很淡，得用嘴巴咬碎才容易有麻味），可透過長時間燜、滷，或做成花椒油、磨成花椒粉後，味道較易釋出。

應用

- 花椒果實可作為調味料，也可提取芳香油，或浸酒、入藥。
- 花椒可整顆醃漬，也可以作成調味油，或是乾燥後與其他香料混合製成調味粉。
- 花椒的辛香味特殊，可用花椒鹽取代胡椒鹽為食材調味。

保存

顆粒與粉狀的花椒需以密封容器存放，以免受潮。

適合搭配成複方的香料

花椒是五香粉用料之一。將花椒、麻椒，以及少許八角泡入加熱後的葵花油，待冷卻後便是餐桌上方便使用的花椒油。

台式香料

花椒口水雞

川菜經典菜色中的口水雞，以花椒麻辣味著稱，因為香麻辛辣而讓人口水直流。以花椒煉製花椒辣油作為口水雞醬的基底，味道豐富且層次多元，甜中帶著香辣滋味！

香料 花椒30公克、辣椒粉10公克

材料 雞腿400公克、洋蔥100公克、小黃瓜100公克、花生碎50公克、香菜2根、蔥段3根

調味料 辣油5大匙、鎮江醋2大匙、芝麻醬1大匙、蒜泥10公克

作法

1 雞腿煮熟後放涼，用手撕成粗條；小黃瓜、洋蔥切細絲、泡水後瀝乾，備用。

2 鍋中入辣油燒熱，放入蔥段炸至金黃後撈起，關小火後加入花椒，加熱至香氣飄出之後，倒入過濾網內過濾，即成花椒油。

3 找一調理盆倒入辣椒粉，將作法2的花椒油沖入辣椒粉內，再拌入所有調味料成口水雞醬。

4 將雞腿肉、小黃瓜、洋蔥絲與口水雞醬拌勻，盛盤後，撒上花生、香菜即可。

台式香料

麻婆豆腐

燜煮或直接入口的料理，通常會使用花椒粉；而需長時間滷煮則會用花椒粒。花椒粉適合短時間烹調時帶出麻味，香氣也不易散失。

香料 花椒粉5公克

材料 榨菜50公克、豬絞肉100公克、豆腐1盒、蔥2根、辣椒1根、蒜頭10顆

調味料 辣油2大匙、糖1大匙、醬油1大匙

作法

1 榨菜切小丁，泡水去除鹹味；豆腐切四方丁；蔥、辣椒、蒜頭切碎丁，備用。

2 鍋中入油燒熱，爆香蒜、辣椒及一半的蔥，再加入絞肉炒出香味，續入豆腐、榨菜、調味料、花椒粉以小火煨煮至入味，可用太白粉水略為勾芡。

3 起鍋前撒上另一半蔥花即可。

point/

製作口水雞醬料時，煉花椒油是個重要的步驟，透過油爆花椒的過程，讓花椒的香氣及麻辣味進入醬料中。

point/

在麻婆豆腐中加入了榨菜丁的創意，讓軟嫩的口感中增加了脆度，且榨菜帶點鹹味也具有調味的作用。

台式香料

花椒燒蛋

花椒燒蛋中的麻辣味道來自於花椒和辣椒，先將花椒粒炒成香氣十足的花椒油再使用，麻香感十分迷人。

香料 花椒粒5公克

材料 雞蛋5顆、豬絞肉100公克、蒜末5公克、紅辣椒末15公克、青蔥末10公克、炸油250毫升、葵花油30毫升、水150毫升

調味料 醬油30毫升、鹽適量、砂糖1大匙、料理酒2大匙

作法

1. 起鍋放入炸油，將雞蛋兩面煎上色，盛盤備用。
2. 另起一鍋放入葵花油，以慢火將花椒粒炒出香味後，鍋中留油，撈起花椒粒不用。
3. 豬絞肉入鍋以花椒油炒出香味後，放入蒜末、紅辣椒末、青蔥末。
4. 再加入調味料和水，煮出味道，淋在1上即可。

point/

也可使用花椒粉，但它的味道不會比以花椒粒煉油來得香，使用花椒粒在口感上也會提升辣度。

Cinnamon

桂皮

備受喜愛的香氣，鹹、甜食都絕配

飲料　料理　烘焙　精油　香氛　藥用

別名：肉桂、月桂、官桂、香桂

產地：福建、廣東、廣西、湖北、江西、浙江等地，雲南、安徽地區亦產

利用部位：樹皮

桂皮入菜除了可以增進食慾，還有預防糖尿病、暖胃驅寒、溫經止血的效果。桂皮加上老薑、紅糖煮成茶，體質寒涼者飲用可去寒。

桂皮是指樟科植物天竺桂、陰香、細葉香桂、肉桂或川桂等樹皮的通稱，並不單指一種樹皮，是人類使用的香料中最古老的一種，在中國秦代以前，桂皮就與生薑並列為肉類的調味聖品。在中式料理中桂皮除了作為烹飪的香料調味外，也是五香粉、滷包常用的香料之一，是燉肉時不可或缺的一味。而它亦是常見的中藥材，對於活血通經、暖脾胃有很好的效果。

中西各國料理中，從肉類到甜點、飲料，皆用於去腥、提味、解膩，香氣中帶點清淡木頭香及甜甜的味道，充滿了森林的氣味，因味道與長相都相似，常與肉桂混用。

應用

桂皮香氣濃厚，可去除肉類的腥味，不論是片狀或粉狀入菜，都有令人解膩、增加食慾的效果。

保存

桂皮存放於陰涼乾燥處避免受潮，最好密封保存，發霉後避免食用。

排骨要軟綿入味，需要燜煮一段時間，因此選用桂皮愈煮味道愈濃郁，利用其香味持久的特性來烹煮排骨至入口即化。

台式香料

香桂燒排骨

香料 桂皮30公克、香葉5片、八角5顆

材料 排骨300公克、薑5片、蔥3根、蒜頭10顆、地瓜粉2大匙、雞蛋1顆、青花椰菜50公克

調味料 醬油3大匙、番茄醬2大匙、糖1大匙、紹興酒2大匙

作法

1 排骨切塊，均勻裹上以醬油1大匙、蛋液、地瓜粉拌勻的粉末，備用。

2 蔥、薑、蒜拍碎；青花椰菜燙熟排入盤內。

3 鍋中入油燒熱，將排骨入鍋炸至地瓜粉完全附著於排骨上，即可撈起。

4 鍋中留餘油，將蔥薑蒜及香料入鍋略炒，加入炸好的排骨及調味料拌炒後，加水淹蓋排骨，以小火燜煮至收汁、排骨軟綿後，即可將排骨取出排盤。

台式香料

香桂紅棗番茄燉雞

桂皮要久煮味道才會出來，但注意量不能放太多，適量提味效果好，經過燉煮香氣也持久撲鼻。

香料 桂皮15公克

材料 雞腿剁塊300公克、綠番茄80公克、牛番茄80公克、薑片30公克、紅棗60公克、枸杞5公克、葵花油15毫升、水2公升

調味料 鹽適量、紹興酒60毫升

作法

1 雞腿剁塊，用冷水煮滾後，清洗備用。

2 綠番茄、牛番茄切塊，紅棗、枸杞泡水備用。

3 起鍋放入葵花油，以中火炒香薑片，放入番茄塊、雞塊、紅棗拌炒。

4 再加入紹興酒、水煮滾後，放入桂皮慢燉約45分鐘，最後入枸杞。

5 以鹽調味，續煮15分鐘即可。

紅蔥頭

Shallot

Allium ascalonicum

肉燥、油飯少不了的香噴噴

料理

別名：火蔥、分蔥、四季蔥、大頭蔥、珠蔥

產地：原分布在亞洲西部和中國南方，台灣也有人工引種栽培，雲林和台南產量最多

利用部位：鱗莖、植株

紅蔥頭的營養價值高，且具有健脾開胃、利尿、發汗等功效，有助於提升身體的代謝力。

紅蔥頭是植物的鱗莖，表面有紫紅色的薄膜，切開的莖肉則呈淺紫或白色，選購原則為飽滿而外表沒有脫水現象為首選。其植株較為纖細，味道也沒有青蔥的辛辣味，較為清香溫和。直接生吃就像蒜頭，炸過後乾香味才會出來，能幫助食材提味，爆香時在蔥薑蒜之外加一點紅蔥頭，香氣可加倍。

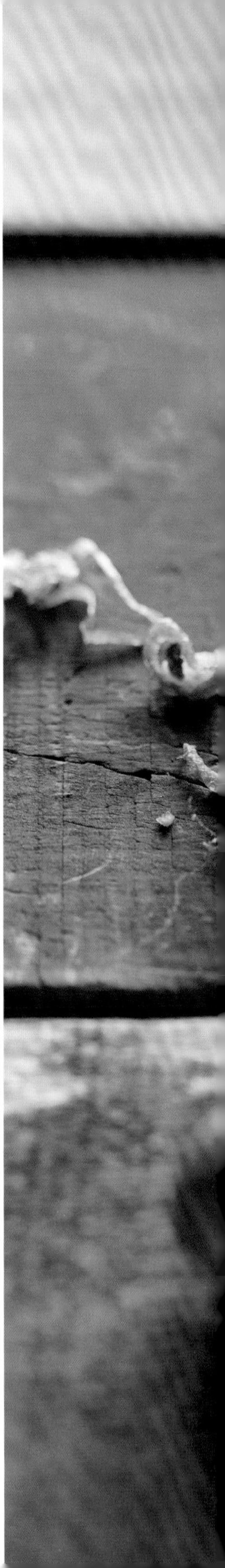

應用

- 紅蔥頭的鮮嫩植株可當料理的佐料，或用作蔬菜炒食。
- 鱗莖部分用途很廣，用來爆香，可為料理提升風味。
- 油炸成油蔥酥，可用作調味。

保存

紅蔥頭最好以吊掛方式保存在乾燥通風處，否則容易腐爛或發芽。切好的紅蔥頭則應密封冷凍。

以紅蔥頭製成的油蔥酥是台灣小吃經常用到的提香料，熟悉的味道總是扮演著畫龍點睛的角色。

台式香料

油蔥酥雞絲

香料 紅蔥頭100公克

材料 雞胸去皮240公克、薑片15公克、蔥段15公克、豬油120公克、水450毫升

調味料 醬油45毫升、糖10公克、鹽適量、料理酒15毫升

作法

1 紅蔥頭切片備用。

2 準備一鍋加水煮滾，放入薑片、蔥段、雞胸、料理酒，煮滾後蓋鍋蓋小火煮5分鐘，先取出50毫升的雞高湯備用。

3 關火燜15分鐘後，拿出雞胸、放冷剝成絲，盛盤。

4 另起一鍋放入豬油開中小火，倒入紅蔥頭拌炒後，慢慢炸至金黃成油蔥酥。

5 熄火，撈出油蔥酥，鍋中只留下20毫升的豬油。

6 再將油蔥酥倒回鍋中，加入醬油、糖、鹽、50毫升雞高湯，煮約1分鐘，淋到3即可。

point/

炸製油蔥酥時，一定要用中小火，若開大火會讓油蔥很容易焦掉。

紅蔥頭是肉燥中不可缺少的調味香料，將肉燥的鹹香滋味拌上味道較平淡的雞蛋麵，讓肉燥成了提味功臣。

台式香料

紅蔥肉燥拌麵

香料 紅蔥頭切片120公克、五香粉2.5公克、白胡椒粉適量

材料 豬絞肉250公克、豬油45公克、雞蛋麵120公克、水250毫升

調味料 醬油90毫升、醬油膏90毫升、料理酒90毫升、冰糖30公克

作法

1 準備一只鍋加入豬油，以中小火炒香紅蔥頭片至顏色呈淡金黃色。

2 放入豬絞肉拌炒成肉變白色，有肉香味出來。

3 再加入五香粉、白胡椒粉、醬油、醬油膏、料理酒，拌炒後加水，加蓋煮45分鐘。

4 後再加入冰糖拌炒，以小火煮20分鐘，試味道即可。

5 另煮水，滾後加入雞蛋麵約7-8分鐘撈起，放在碗裡淋上紅蔥肉燥。

香菜
Coriander

Coriandrum sativum

飲料　料理　烘焙　精油　香氛　驅蟲　藥用

別名：胡荽、芫荽、胡菜、香荽、天星、園荽、胡萊、芫茜

產地：原產自地中海地區

利用部位：種籽、葉子

獨特且具個性的香氣，是料理點綴與提味的最佳配角

香菜籽（芫荽籽）

香菜可促進腸道蠕動及刺激汗腺活動，其中香菜的生化成分有助排出人體內存留的重金屬如鉛或汞。

相傳香菜最早的食用記錄是在地中海地區，中世紀歐洲人以香菜籽來掩蓋肉的腥臭味。一直到了西漢時張騫出使西域才將香菜引入中國，因為它特殊的香味，只要將鮮葉直接撒於料理上，就有點綴、提味的效果，為中式料理常用的調味鮮香料。

香菜的味道特殊，是因含有醛類物質產生的獨特香氣，而喜歡或討厭它的味道竟然與嗅覺受體基因有關呢！葉片與梗可分開使用，葉片作為料理完成後的提香，梗則可以和牛肉等肉類一起熱炒或燉湯，口感似芹菜。

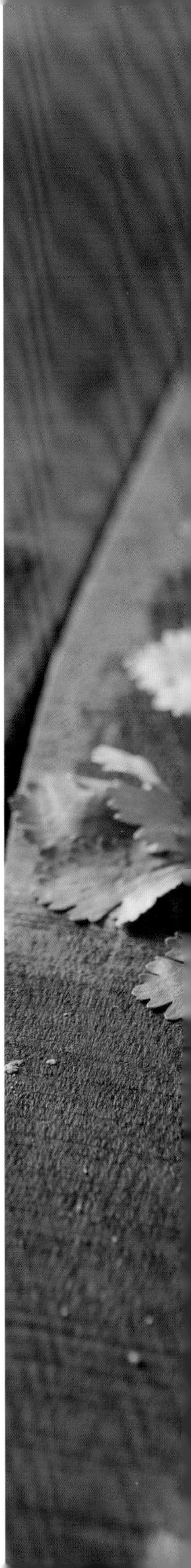

應用

- 香菜嫩莖和鮮葉的特殊香味，常用來調湯、涼拌等，除了有清爽宜人的芳香，還有去腥作用。
- 香菜葉通常不下鍋煮炒，而是烹飪完成後再撒上。
- 曬乾後的香菜籽要在熱油裡爆香，味道才能釋出。

保存

- 完整的香菜籽可密封存放半年至一年，磨粉之後味道很快揮發，最好是食用前再研磨。
- 新鮮香菜葉子可冷藏保鮮；或者切除根部後，掛在陰涼通風處晾乾，可延長保存期。

適合搭配成複方的香料

將香菜根、大蒜及胡椒粒磨泥，可製成泰式料理中特有的香辛調基底。

台式香料

芫荽牛肉末

香菜是中式料理常見的點綴香料，因它獨特的香氣，為料理帶來了清新的味覺。

香料 芫荽（香菜）45公克、白胡椒粉2.5公克

材料 牛絞肉300公克、蒜末15公克、辣椒末15公克、薑末15公克、青蔥末15公克、玉米粉10公克、水適量、葵花油15毫升

調味料 料理酒30毫升、蠔油30公克、醬油15毫升、糖15公克、鹽適量、香油適量

作法

1 起鍋放入葵花油，熱鍋冷油炒牛絞肉至8分熟，再加入蒜末、辣椒、薑末、青蔥末炒出香氣。

2 加入料理酒、蠔油、醬油、糖、鹽、白胡椒粉，調味後拌炒。

3 再放入芫荽，玉米粉加水芶薄芡，最後倒點香油拌勻即可。

台式香料

香菜炒皮蛋

在皮蛋裡加進香菜可讓皮蛋吃起來不膩口，且多了份香氣亮點。

香料 香菜45公克、白胡椒粉1.5公克

材料 皮蛋3顆、蒜末15公克、紅辣椒末15公克、青蔥末15公克、葵花油30毫升

調味料 蠔油30公克、醬油膏15公克、鹽適量

作法

1 準備一只鍋放入冷水，皮蛋入鍋煮10分鐘後，泡冷水剝殼、切大丁狀。

2 香菜切小段。

3 起鍋放入葵花油，將皮蛋炒出焦香，加蒜末、紅辣椒、青蔥末炒出香味。

4 再放入蠔油、醬油膏、鹽、白胡椒粉炒均勻後，最後加香菜段拌勻即可。

point/

如不喜歡香菜，可以換成中芹菜段拌炒，味道也很香。

point/

香菜在料理中通常是起鍋前加入，或是不拌炒直接撒在料理上，保持清香味。

九層塔 Basil

Ocimum basilicum

飲料　料理　烘焙　精油　香氛　驅蟲　藥用

別名：羅勒、七層塔、金不換、香花子、蘭香

產地：印度、中國、台灣、東南亞等地

利用部位：葉子

三杯料理中的味覺誘惑

九層塔含有豐富的維生素A、C，有助於增強免疫系統、抗血管氧化，對於支氣管炎、鼻竇炎、氣喘等具有改善效果。外敷則可消腫止痛，用來治療跌打損傷和蛇蟲咬傷。

九層塔的由來，是因為其重重疊疊如塔狀的花。台灣料理中使用的九層塔是羅勒的品種之一，各品種口味略有差異，例如義大利青醬中使用的是「甜羅勒」（可參考本書126頁），味道較淡，口感較不青澀。

印度人自五千年前就開始種植與使用羅勒，至今仍是義大利和南亞料理中的重要香草，也是我們熟悉的三杯料理中那迷人的香味。

應用

- 將新鮮九層塔加入羹湯增香，或作為油炸時的提味香料。
- 味道濃烈，適合加入海鮮貝類料理中去腥提鮮。
- 越南料理中使用的是平葉九層塔，香氣和一般九層塔不同，較適合搭配水果。

保存

新鮮九層塔不耐保存，需儘快食用或冷藏。

台式香料

三杯杏鮑菇

香料 九層塔葉30公克

材料 杏鮑菇180公克、青蔥15公克、薑片15公克、蒜片20公克、紅辣椒片20公克、葵花油15毫升

調味料 醬油30毫升、醬油膏15毫升、鹽適量、黑胡椒適量、味霖15毫升、麻油15毫升、料理酒15毫升

作法

1 杏鮑菇切成滾刀狀，青蔥切段，備用。
2 起鍋放入葵花油，以中火炒杏鮑菇至金黃色，先拿起備用。
3 另起一鍋放入麻油爆香薑片，再放蒜片、紅辣椒片。
4 接著放入已炒到金黃色的杏鮑菇拌炒，加入青蔥段。
5 加入所有調味料拌炒，最後放九層塔葉拌勻即可。

為了避免九層塔炒得太久變黑、香氣不足，起鍋前最後再放九層塔葉快速拌炒一下，香氣馬上出來了。

台式香料

塔香雞肉丁

香料 九層塔葉30公克、白胡椒粉2.5公克

材料 雞腿去骨切丁350公克、蒜片20公克、薑片20公克、青蔥段15公克、紅辣椒片20公克、葵花油適量、水適量

調味料 醬油15公克、料理酒30毫升、蠔油30公克、醬油膏30毫升、番茄醬20公克、糖10公克

作法

1 將雞丁醃醬油、水，用手抓一下，醃20分鐘備用。
2 起鍋放入葵花油以中火炒雞丁，5分熟就撈起備用。
3 另一鍋放入葵花油，以中火炒香薑片、蒜片、蔥段、紅辣椒片，再放入作法2的雞丁。
4 加入白胡椒粉、料理酒、蠔油、醬油膏、番茄醬、糖拌炒，再收乾，最後拌入九層塔即可。

塔香指的即是九層塔香氣，雞肉料理時需要較重口味的調醬來讓它風味更好，而九層塔濃郁的味道正好與它搭配得宜。

point

若想做成蔬食版，可將雞腿換成茄子或菇類來烹調。

羅漢果

Arhat Fruit

siraitia grosvenori

神界賜來的果實，可清涼解暑、淨化身體

飲料　料理　藥用

別名：神仙果

產地：中國廣西省

利用部位：果實

羅漢果性涼味甘，是清肺潤腸的藥材，泡茶作為日常飲用，是很好的清熱飲料，可提神生津，又可預防呼吸道感染。

羅漢果是很有名的中藥，別名「神仙果」，這種果實對舒緩喉痛與治療咳嗽的藥效，眾所周知。羅漢果對環境條件的要求非常特殊，只生長在中國廣西北部，該地區的羅漢果生產量佔全球的90%。

羅漢果沖茶或煲湯時有回甘滋味，而且有潤胃效果，讓茶湯喝起來味道更佳。而它的甜度高、熱量低，因此也被製作成代糖。料理時，需將羅漢果敲破，連皮帶果肉從冷水就下鍋一起煮，讓甘甜味慢慢釋出。

應用

- 羅漢果煮水、沖泡後飲用，或研磨、製劑服用，或者直接咀嚼，都可達到保健效果。
- 羅漢果也可入菜，加入排骨湯或燉牛肉等料理，有清熱解暑、滋補氣血的功效。

保存

羅漢果多以乾果販售，應置於乾燥處以防霉、防蛀。

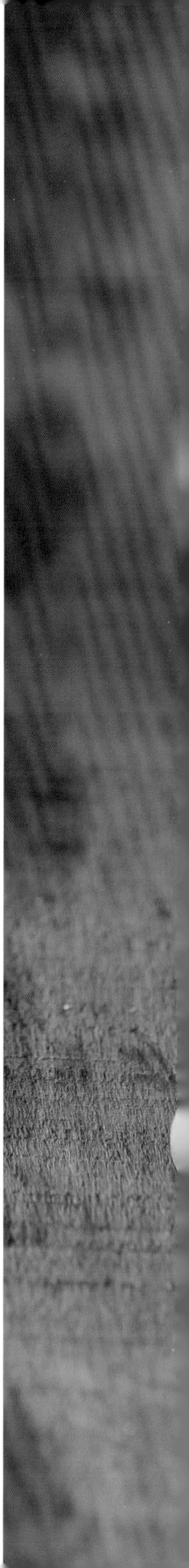

羅漢果燒肉是一道廣西菜式，取用羅漢果內核的果肉料理。一般煮紅燒肉時會加入冰糖來增加甜味或炒出焦糖色，但因羅漢果本身即具甜味，即使不另外加糖也會有甜味口感。

台式香料

羅漢果燒腩肉

香料　羅漢果1/2顆、肉桂50公克

材料　豬腩排300公克、馬鈴薯1顆、豆腐乳3塊、薑5片、蒜頭10顆、地瓜粉100公克、全蛋1顆

調味料　醬油2大匙、米酒2大匙、胡椒粉少許

作法

1. 腩排切小塊；馬鈴薯去皮切塊；薑、蒜頭略拍，備用。
2. 鍋中入油燒熱，蛋打散，排骨入蛋液後裹地瓜粉並拍掉多餘粉後入鍋油炸，炸半熟後撈起備用。
3. 馬鈴薯、薑、蒜也炸成金黃色，撈起瀝乾多餘油分。
4. 鍋中留餘油，把豆腐乳、作法2食材、調味料及敲碎的羅漢果、肉桂一起入鍋拌炒均勻，加水淹至排骨1/2處，以小火燜燒至收汁即可。

羅漢果與西洋菜是廣東人常用的煲湯食材，兩者味道清甜外，亦有清熱潤燥、止咳等作用，適合秋冬之際，喉嚨不舒服時煲湯飲用。而羅漢果的甜味也可以讓湯品更好喝。

台式香料

羅漢果西洋菜煲排骨

香料　羅漢果1顆

材料　排骨300公克、西洋菜300公克、南北杏50公克、蜜棗5顆、雞腳5支、老薑1塊

調味料　鹽1大匙、米酒2大匙

作法

1. 排骨、雞腳剁小塊，汆燙洗淨；羅漢果壓碎，備用。
2. 鍋中入水2000毫升煮滾後，將所有食材放入湯鍋內，以大火煮滾後，改中火煮至西洋菜綿爛，再加入調味料即可。

這是一道廣東菜式，除了以羅漢果來賦予自然甜味，加上白蘿蔔更有蔬菜的甘甜。

台式香料

羅漢果燒牛腩

香料 羅漢果1顆、花椒2.5公克、八角2.5公克

材料 牛腩300公克、白蘿蔔180公克、薑片30公克、水1.5公升、香料袋1個

調味料 蠔油30毫升、醬油20毫升、冰糖30公克、鹽適量、料理酒30毫升

作法

1. 羅漢果敲碎，和花椒、八角裝入香料袋裡成香料包。
2. 牛腩汆燙、洗過，白蘿蔔去皮、切大塊備用。
3. 將燙好的牛腩、白蘿蔔、香料包一起放進電鍋。
4. 加入薑片、水及所有調味料，電鍋外鍋放兩杯水，煮至跳起。
5. 續加一杯水，跳起後，再燜20分鐘即可。

point/

不吃牛肉也可改用豬腩排來燉煮，作法不變。

三奈 Sand Ginger

Kaempferia galanga

辛中帶甜，為餐桌帶來南國風味

料理　藥用

別名：沙薑、番鬱金、三藾、山辣、土麝香、埔薑花

產地：原產於印度；中國南方、泰國、印度等地都有栽培

利用部位：根莖、莖

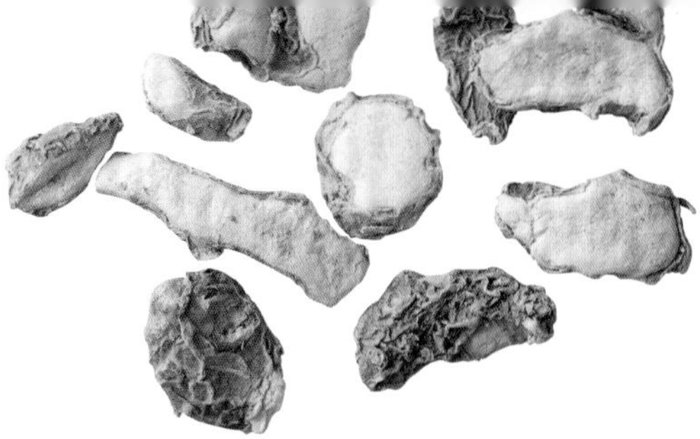

三奈可入藥，有溫中散寒、開胃消食、理氣止痛的功效，常用來治療消化不良、跌打損傷、牙痛、腫脹等症狀。

三奈也常被稱作「沙薑」，主要使用根莖部分，外貌有點像乾薑，香氣芬芳，甜薑味中帶有辛辣和鹹味。三奈生長在濕氣較重的遮陰環境中，雨季時便會在岩縫中或草地上看到冒出蝴蝶形的三奈小花。

除了直接以根莖入菜，三奈也可磨成粉末作調味料用，或者把嫩莖磨碎後，加入其他香料調製成醬料。市面上買到的多是乾燥的三奈，聞起來沒味道，燉煮後即會釋放出溫和的薑味，燜煮肉類（如紅燒肉時）常會用到。

應用

- 在東南亞咖哩或台灣料理中的滷包中，三奈都是不可缺少的香料之一。
- 常用於蘸雞、烤鴨、紅燒肉等料理。

保存

三奈冷藏可延長保存時間。完整的根莖塊也可埋在盆栽的細沙或黃土中，可久藏不壞。

適合搭配成複方的香料

三奈剁碎，加入香茅、大蒜、洋蔥等，便可製成東南亞風味的醬料。

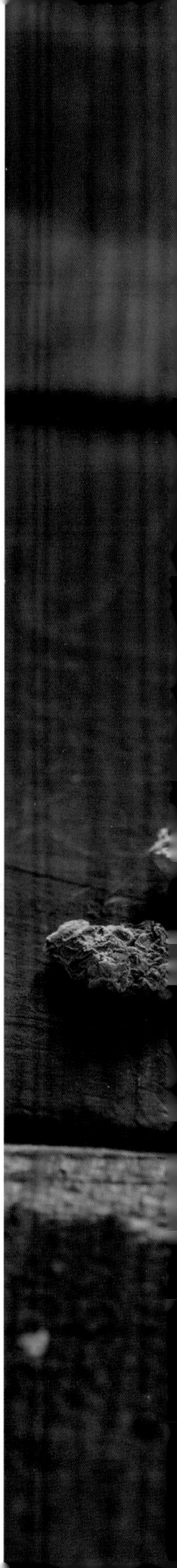

台式香料

南宋薑肉

(香料) 三奈50公克、八角10顆

材料 五花肉200公克、蔥3根、蒜頭20顆、辣椒2根、綠竹筍100公克

調味料 醬油膏2大匙、糖1大匙、紹興酒3大匙

作法

1 五花肉連皮切成粗條狀；綠竹筍燙熟切條；蔥、蒜、辣椒略拍，備用。

2 鍋中入油燒熱，將綠竹筍之外的食材全部加入，以小火慢煸至肉條全熟，蔥蒜呈金黃色後，加入調味料、綠竹筍，再慢慢煸至收乾汁。

3 將香料及辛香料揀除之後，留取肉條及筍條盛盤即可。

此道料理源自於南宋朝廷招待金使節的菜式，作法類似回鍋肉。利用三奈、八角的重味道，讓五花肉的味道更突出，也是廣東料理中的經典老菜。

台式香料

三奈長壽雞

(香料) 三奈50公克、甘草10片、白胡椒50公克

材料 土雞腿1支、蔥2根、青耆5片、紅棗10顆

調味料 鹽1大匙、紹興酒2大匙

作法

1 將雞腿放入滾水中煮熟，備用。

2 取一深鍋，放入雞腿外的其他材料、香料及水800毫升煮滾之後，轉小火煮10分鐘，再加入調味料關火放涼即成滷汁。

3 把雞腿浸入滷汁中，放入冷藏浸泡1天即可，取出盛盤。

三奈亦稱沙薑，故名思義與薑類似，是滷汁中經常出現的香料之一。三奈雞屬於廣東料理，以三奈與其他香料調成滷汁，用以滷製雞肉，帶點辛辣味。

point
此款三奈滷汁也可以用來滷製其他肉類。

利用三奈、五香的厚重風味，讓豬梅花肉的味道更突出，也是廣式料理中的經典菜。

台式香料

三奈燒烤梅肉

香料 三奈粉5公克、五香粉10公克

材料 豬梅花肉250公克、蒜末15公克、料理酒25毫升

調味料 紅麴醬5公克、海鮮醬10公克、鹽2.5公克、糖15公克、蜂蜜30毫升

作法

1 將紅麴醬、海鮮醬、鹽、糖、三奈粉、五香粉、蒜末、料理酒攪拌混合（即為醃汁）。

2 豬梅花肉先用竹籤刺洞比較好入味，放入醃汁約2小時後取出備用。

3 烤箱預熱180度，醃好的梅花肉放入烤箱約25分鐘，每5分鐘在肉上塗蜂蜜。

4 兩面都要塗勻，烤好後拿出放涼，切片享用。

point／

此醃醬也可拿來醃雞肉或三層肉，烤或炸都相當適合。

-COLUMN-

還記得嗎？從前我們都是去中藥行買香料的

在進口材料行還不普及，知名品牌的小包裝香料罐還沒有進入街頭巷尾的超級市場，如此觸手可及時，從前，台灣人的香料都是去中藥行買的。

肉桂、八角、丁香、陳皮、番紅花、孜然、胡椒、月桂、豆蔻、甘草……日常裡的慣用香料中藥房都有，有的還會調製自家味滷包、五香粉、胡椒鹽供消費者選購。

一九九三年政府修法「藥事法」，停發中藥商執照（僅原本列冊的才可以繼續營業），且之後若需經營中藥房，必須領有藥師或中醫師執照，打破了從前中藥房的父子相承，師徒相授，中藥知識被納入國家化的管理機制，且僅有科學中藥納入健保，飲片藥材全被排除在給付範圍之外。

隨著時代變遷與政策走向，根據「中藥商業同業公會全國聯合會」統計，台灣的傳統中藥行從一九九三年到二〇〇八年，15年間減少了4805家，平均每年減少320家，其後也以每年平均200家的速度消失中*。

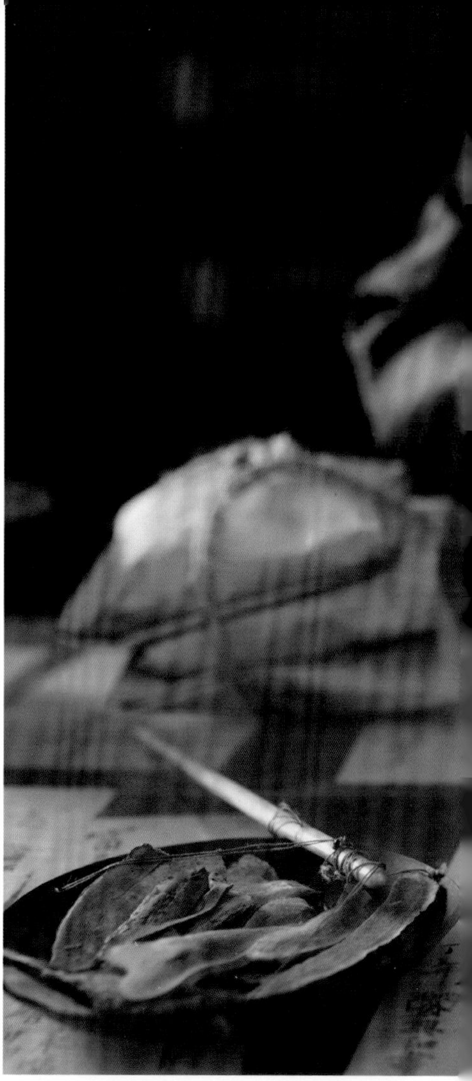

曾經，我們有過那樣一個年代。廚房裡缺什麼香料，就到附近的中藥行喊一聲，有時還順手拿了滷包或燉補藥材，那是華人世界裡熟悉的味道，也是我們曾有過的尋常風景。

*新聞來源：《端傳媒：中藥房會從台灣人的生活中消失嗎？》（2016/12/16）。

想要閱讀更多

三奈

薑科植物，味道卻有別於一般薑類的刺激感，有微微的甜與辛，還帶有一點甘草的感覺，常磨碎用於香料粉或滷包裡。

在紅肉或家禽類的醃製裡加入一點三奈粉，增添的微甜與微辛，可創造出不同的風情；另有些薑母鴨店，除了老薑外，也會加入三奈來增加味蕾上的豐富感。

point／購買時選購皮紅裡白，香氣較佳。

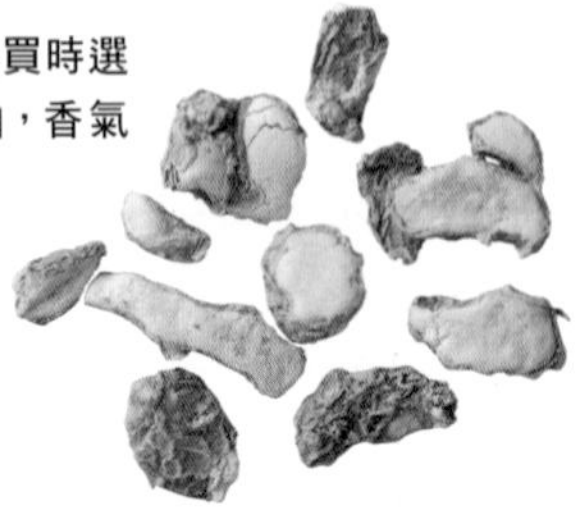

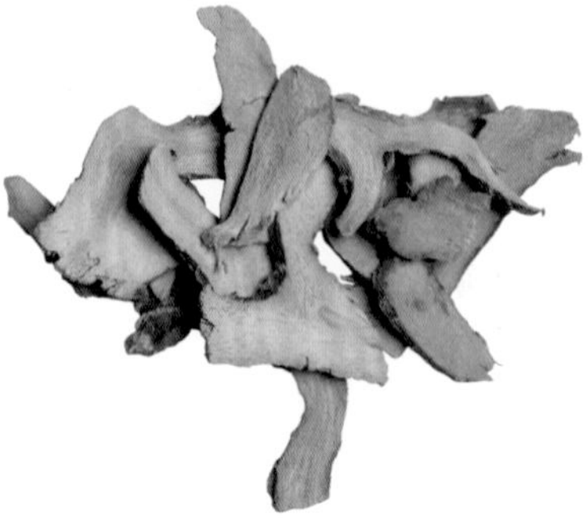

高良薑

也稱良薑，是蒙古火鍋裡的重要配料，除了有薑科植物的辛辣外，還帶有肉桂的甜味，最大特點是外觀呈紅色，較一般乾薑味道更濃郁，也常被用來做台式五香粉的基本配料之一。另外在南部的番茄切盤沾醬裡，加一點高良薑細粉，是阿嬤的祖傳秘方。

point／新鮮的市場上稱為南薑。乾燥的高良薑常溫保存即可，粉末建議密封保存。

陳皮

芸香科常綠小喬木的成熟果實，舉凡橘、柑、橙等乾燥果皮，以自然風乾或低溫乾燥皆可成為陳皮。和一般香料香氣會隨時間遞減不同，陳皮越放氣味越好，且對於有痰的咳嗽、消化不良、食慾不佳都有效果。常用於果醬、陳皮梅、仙楂餅等零食上，加工過的甜陳皮也可作為茶飲。料理時，能去除海鮮的腥味，也可用於燉肉或湯品上，廣東的陳皮鴨湯就非常精采。

point／越陳越香，以常溫乾燥保存即可。

畢撥（長胡椒）

屬於胡椒的一種，與黑胡椒同，曬乾的果實具有豐富的揮發精油，除了有黑胡椒的辛辣味，還多了一種清新的果香，非常特別，常用於麻辣鍋的配方。大膽一點的也可以直接單方用於料理上，不過因香氣特殊，喜不喜歡見人見智，且用量不宜太多。檳榔裡放的荖藤（荖花）便是新鮮的畢撥，心臟不好者吃多容易心跳加速，適量食用即可。

point／乾燥密封保存，使用時磨碎即可。

草果

氣味清香上揚，表皮有點酸梅的味道，拍碎後裡面的柑橘感會跑出來，是滷包、百草粉、咖哩粉、十三香裡的要角，也常見於麻辣鍋或蒙古火鍋裡。雖可整顆使用，但拍碎後香氣會更容易顯出，煮一般火鍋湯頭時，加幾顆下去一起熬煮會很有層次。

也可取少許拍碎後跟著羊肉、牛肉一起燉煮，不像八角那般張揚，味道隱而不顯，可去肉類腥味。

point ╱購買時以整顆為宜，要使用時再搥破即可。

芫荽（香菜）籽

屬於繖型花科，東、西方的用法不同，西方常用來醃製肉類、魚類，或使用在甜點、湯品、飲品、沙拉醬料上，是常見的辛香料。台式料理則多用芫荽葉，近幾十年才開始以籽入菜，可能是受到西方影響，亦用於綜合性的調味或醃製上，可去除肉類腥味，其中印度咖哩的香料配方裡也常有。

point ╱以瓶裝常溫保存即可。

木香

味道是帶有淡淡香氣的樹根，麻辣鍋的主要成員，帶有苦味（甚至比黃蓮更苦），但若比例拿捏得當，湯頭會很有層次。用量不多，主要用於提香，是偏重藥材香味濃郁型麻辣鍋湯頭裡的必備成員。

point ╱常溫保存即可。因苦味濃郁，記得少量使用。

砂仁

對於消化系統與腸胃很好，常用於食療湯品裡的重要香料，若煮刺激性的鍋品或料理可以偷偷地放一、兩顆顧胃，滷包裡偶爾也會有。聞起來有種烏梅感，味道涼涼的。

point ╱選購完整顆粒乾燥常溫保存，使用前敲碎即可。

肉桂家族

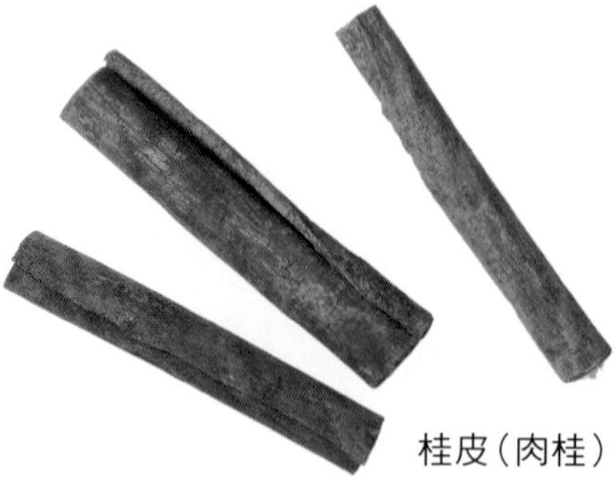

桂皮（肉桂）

肉桂粉

桂枝

桂子

越南清化省 官桂

越南清化省出產的清化桂是極佳的肉桂產地，享有盛名，此又稱為官桂，長約一個手臂，側邊呈現筒狀，品質極優。

肉桂樹除了樹心外，其他從桂子、桂葉、桂枝、桂皮等都可以當成香料使用，是經濟價值很高的一種作物。

目前台灣的肉桂進口以中國、越南為大宗，錫蘭、斯里蘭卡、印度、印尼、台灣也有種植，其中以越南清化肉桂的肉桂醇比例最高，以香氣辣度甜度的觀點來看，品質最好。

肉桂的香氣取決於肉桂醇的含量，含量越高香氣與辣度越高，味道由重到輕分別為：桂皮、桂子、桂智、桂枝、桂葉。若不想要太濃郁的香氣，可用味道相對輕盈的桂子取代桂皮，或者是將不同的部份混搭，做出想要的感覺。

point ／

肉桂以常溫保存，若選購肉桂粉，則建議選擇顏色較深者，顏色越深表示含油量越高，辣度、甜味與香氣都會更明顯。相反地，若想溫和一點，則可選顏色較淺者。

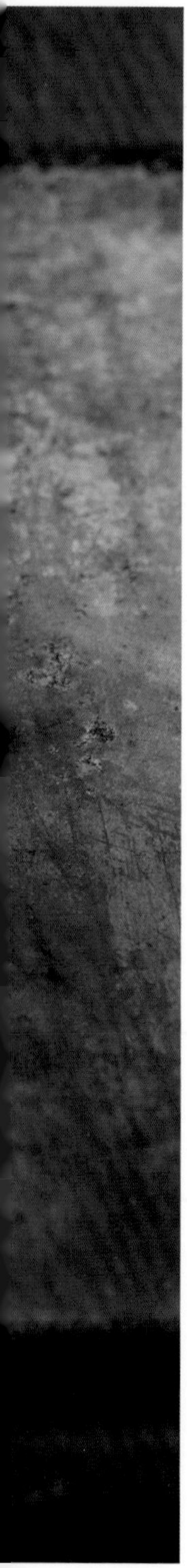

豆蔻家族

草豆蔻

肉豆蔻粉

肉豆蔻皮

白豆蔻

綠豆蔻

香果

What's different！

肉豆蔻 VS. 香果

肉豆蔻

很多書籍都把肉豆蔻跟香果看做兩種不同香料，其實兩者是同一種香料。將香果的殼打破，裡頭的果實便是肉豆蔻了。

脫殼的香果

肉豆蔻是豆蔻家族裡，唯一一個非薑科植物（屬肉豆科），果仁含肉豆蔻醚，是一種溫和的迷幻藥，僅能少量使用，不過還好肉豆蔻味道濃郁，料理時僅需加上一點即有香氣，可去除肉類腥味，也是法式傳統白醬Béchamel的必備香料，或中東羊肉料理裡，少不了的調味。顆粒硬，使用前直接整顆放在研磨板上來回研磨成粉即可。

肉豆蔻、白豆蔻、草豆蔻是台式料理裡使用度較高的香料，另外還有綠豆蔻、黑豆蔻、紅豆蔻等，但台式料理較少用到，反倒是印度咖哩，常會添加豆蔻家族裡的成員。

point／

選購顆粒飽滿，無霉味即可，買回來後密封保存，放陰涼處。

PART 6

日本料理的香料日常

強調鮮味的日本飲食文化

文／馮忠恬

提起日本料理，會想到什麼樣的味道？七味粉、哇沙米、香菇、還是柴魚？

在日本，香氣的來源不只從辛香料來，也有從如香菇、紫蘇、昆布甚至是柚子來取得。比起氣味，日本人似乎更強調在酸甜苦鹹之外的「第五種味道」——「鮮味」（Umami），鮮味可以促進唾液分泌，予人愉悅感，加乘食物彼此間的協同美味。

因此談到日本香料時，讓人好奇的往往不是單獨的香料品項，（影響日本味道的調味料，如醬油、味醂、清酒、味噌都不在香料的範疇裡），當提到日本與香料關係，第一個映入腦海的往往是「日式咖哩」。

現磨的山葵泥，是吃握壽司不能少的調味。

在日本的市場裡，偶爾也能看到以傳統的方式賣香料。

混合麵粉、油脂的咖哩塊，是日式咖哩的重要特色

混合多種辛香料的日式咖哩，成為日本飲食文化裡的重要一支，不同於咖哩的發源地印度，直接以天然的辛香料調味、調色，日式咖哩是從英國引進並加以改良，除了辛香料外，裡面往往還有洋蔥醬、麵粉、高湯、食用油脂、奶油等其他材料，市面上賣的日式咖哩塊，裡面都有加入麵粉或澱粉來讓他產生濃稠感，這也是為什麼日式咖哩吃起來較印度咖哩更為濃稠的原因。

早期日本還沒有發展出咖哩塊時，日本媽媽會用咖哩粉加入麵粉和奶油一起拌炒，做成咖哩糊，後來咖哩塊出現，連拌炒都不用，直接加水就能燉煮，且日本人喜歡加蜂蜜、蘋果來增加咖哩的甜味，近年來更發展出將製作好的咖哩塊磨碎成粉片狀的咖哩片（Curry Flake），讓大家可以不用受限於咖哩塊的大小，自行掌控每餐要煮的份量。

雖然日式咖哩讓人印象深刻，不過其實日式咖哩的文化並非從香料扎根，除了少數專業廚師，日本人使用的多是已經調配過的咖哩塊，和印度人深諳每種香料特質，每個媽媽都有自己配方，且隨著不同食材選用不同比例香料來組成的咖哩文化不同。

以咖哩塊做成的日式咖哩，日本人會說，就是多了種「鮮味」的濃郁感。

日式咖哩 VS. 印度咖哩

- **日式咖哩**：由專業者以芫荽籽、孜然、小豆蔻等數十種香料，混合麵粉、油脂與能增加鮮味的調味料（如高湯、奶油、奶粉、砂糖等）調製成咖哩塊來使用，常加入蔬菜與水果一起燉煮，味道較甜且有濃稠感。
- **印度咖哩**：由原狀或粉狀辛香料直接調配，需先以油炒過，讓香氣溶出，沒有添加其他多餘的調味料，而是直接以香料來凸顯食材的味道，很考驗對香料特性與食材的掌握。每個家庭調配出來的咖哩都不同，那便是印度人口中「媽媽的味道」，因沒有再另外加澱粉，僅用洋蔥或番茄糊，比起日式咖哩，醬料較清爽。

七味粉的原料們

七味粉是日本飲食文化裡最常用的香料之一，主要由七種以上的香料混合，是日本香料調味的大集合。

辣椒：七味粉的主要材料，內含的辣椒素可促進食慾，提高新陳代謝。

芝麻：七味粉裡的芝麻通常都有經過烘烤，黑、白芝麻皆有。

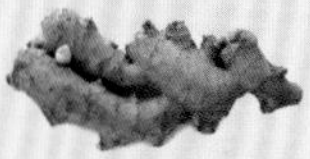

生薑：帶點微微的溫和辛辣味，可促進血液循環，促進排汗。

陳皮：曬乾的橘子皮，具有精油的香氣，帶有甘甜味。

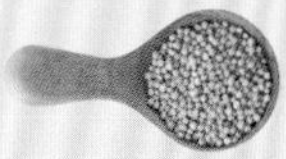

芥子：芥菜的種子，帶點辛辣的嗆味，屬於溫性的中藥材。

山椒：和花椒同屬不同品種，帶有麻辣的辛香。

紫蘇：日本料理不少香氣的來源，以綠葉的品種「青紫蘇」為主（另一常見品種是「紅紫蘇」）也常用來拌沙拉、配生魚片或包飯糰。

海苔：不僅具有獨特的香氣，還含有豐富的鐵質與不飽和脂肪酸，可預防貧血。

火麻仁：大麻種子，經過炒熟處理後稱為火麻仁，具有滋養身體，潤腸通便的效果。

對強調「鮮味」的日本人來說，如果只用單純的辛香料似乎就少了那麼一點點的味道，因此他們必須要以其他如高湯、奶粉、奶油等調味，去增加味覺的複雜度與濃郁感。

不過回到日本人的飲食生活，其實還是有幾種在餐桌上常會用到的香料，如：山葵、山椒、七味粉、柚子粉等，他們的特色都是不經過烹調，直接做為菜餚上桌後的搭配，如七味粉便是吃烏龍麵、蕎麥麵時的好朋友，以新鮮山葵磨製的山葵泥更是品嚐生魚片、握壽司的必備品。

理解日本飲食和香料間的關係，下次吃日式咖哩時就會更知道它背後的美味來源，也會更能理解，原來對日本人來說，迷人的鮮味，遠比香料的使用來的重要。

日式香料

紫蘇起士七味豬排

七味粉帶有豐富的綜合香氣，是日本人的日常飲食不可缺的調味料之一。

香料 七味粉5公克、紫蘇葉2片、研磨黑胡椒適量

材料 豬里肌2片（每片約80公克）、雞蛋1顆、起士片2片、中筋麵粉10公克、麵包粉80公克、葵花油160毫升、檸檬角20公克

調味料 鹽適量

作法

1 豬里肌片用刀背拍打成薄片，撒上鹽、黑胡椒、七味粉調味。

2 雞蛋打成蛋液。

3 在1放上起士片、紫蘇葉，包起後在接縫處用刀背輕輕拍打。

4 將豬肉片依序沾上中筋麵粉、蛋液與麵包粉。

5 起鍋倒入葵花油加熱，以中火放入豬排，半煎炸至兩面金黃色即可。

6 旁附帶檸檬角。

山葵

Wasabi

Eutrema japonica

獨有的辛香刺激，讓你專注於當前美味時刻

料理

別名：山萮菜、哇沙米
產地：日本、台灣阿里山
利用部位：根莖、葉

山葵有強力的殺菌效果，可抑制葡萄球菌，並且預防食物中毒。而它的辛辣味可增進食慾，促進腸胃的消化及吸收。

提到日本料理，馬上會讓人想到山葵的特殊風味。山葵的辛辣跟辣椒不同，辣味刺激的不是舌頭而是鼻竇。市面上的「山葵醬」常以糊狀和乾粉狀銷售，但大部分都是使用一種叫做辣根（可參考182頁）的十字花科植物，加上綠色食用色素仿製而成。因為山葵一旦乾燥，香辣味便消失，因此不適合加工成粉狀產品，在食用前才研磨成泥狀味道最好，高級的日本料理亭會使用新鮮山葵，以新鮮山葵的根部研磨成哇沙米，味道較仿製的山葵醬清香且不會那麼嗆辣，更能吃到食材原味。阿里山是著名的山葵產地，除了外銷外，現今在較大型的百貨公司生鮮超市，也都有機會買到鮮品。

應用

- 山葵泥是生魚片的絕配，烤肉時肉片也可沾上山葵泥去油解膩，同樣對味。
- 山葵葉同樣具辛辣味，可用鹽、醋醃製過夜後，即可做成生菜沙拉食用。
- 山葵味道遇水容易消逝，建議不要直接放在醬油裡抹開，可用食物先沾醬油後，再把山葵泥點放上去。

保存

新鮮山葵用白報紙包好可冷藏保存約一個月，磨成泥後氣味就會揮發，因此最好在食用前才磨。

山葵泥VS. 芥末醬

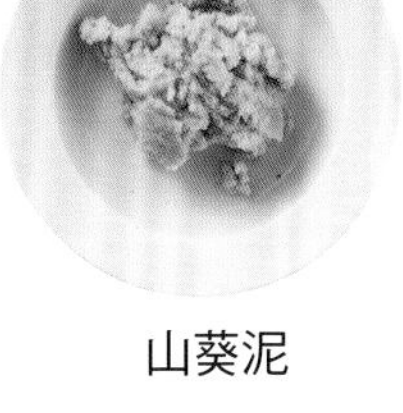

山葵泥

很多人以為哇沙米＝芥末，其實兩者同屬十字花科芥屬，都有辣味，但無論在色澤或使用上都不同。山葵是綠色的高山植物，以根部磨成泥做成哇沙米，用在握壽司或生魚片上；芥末則是芥菜的籽，以芥末籽磨成粉或成芥末醬，色澤黃色，常用在熱狗上。

芥末醬

山葵具有強烈的辛辣味，同時也有甜味和鮮味，很適合搭配魚和海鮮料理。

日式香料

炸魚餅山葵美乃滋

香料 新鮮山葵（或山葵醬）25公克、研磨黑胡椒適量

材料 白肉魚魚漿200公克、紅蘿蔔末30公克、黑木耳末20公克、青蔥末30公克、起士絲20公克、葵花油200毫升

調味料 鹽適量、美乃滋100公克

作法

1 白肉魚魚漿和紅蘿蔔末、黑木耳末、青蔥末、起士絲混合，加鹽和黑胡椒拌勻。

2 將1放至保鮮膜上，捲起成圓條狀，放入冰箱定型後，去除保鮮膜備用。

3 山葵和美乃滋攪拌均勻成醬料。

4 起鍋倒入葵花油加熱，以中火放入魚餅，慢炸成金黃色至熟。

5 切成好入口的大小，搭配山葵美乃滋享用。

point

1.可依個人的喜好更換魚餅裡面的餡料。

2.除了使用現成魚漿，也可用鱸魚打成魚漿，Q勁美味。

山椒

Japanese pepper

Zanthoxylum piperitum

在舌尖上優雅起舞，就是要喚醒你的味蕾

料理　精油　藥用

別名：巴椒、南椒、漢椒、點椒

產地：日本、朝鮮半島南部、中國

利用部位：葉、樹皮、果實

山椒的辛辣香氣可促進唾液分泌，增進食慾。在傳統醫藥上，有散寒、燥溼、下氣、溫中的療效，且可使血管擴張，降低血壓。

山椒是日本料理的主要香料之一，也是七味粉的其中一味，它的麻辣辛香總讓人從舌頭到胃都瞬間振奮起來。

山椒樹在四、五月開花，九至十月採收，未成熟的山椒籽呈綠色，熟成後則轉紅色。日本的山椒與四川料理中常見的花椒，是花椒屬（Zanthoxylum）的不同品種，兩者風味接近。

台灣很難買到新鮮的山椒或乾燥後的山椒籽，但可直接買到品質很好的山椒粉作為調味使用，日本料理店很常見到。

應用

- 山椒籽磨成粉後做調味用，可去除各種肉腥味、殺菌解毒。
- 生或熟的山椒籽都可作為料理食材，綠色未成熟的山椒籽可製成各式醃漬品。

保存

山椒帶有濃厚香氣，採集下來後須趁新鮮時食用，或製成醃漬品以保存風味。

適合搭配成複方的香料

與芝麻、紫蘇、海苔、生薑等材料混合成七味粉，是餐桌上常見的調味料。

山椒聞起來有柑橘的清香，吃起來帶微微辣味，舌頭會有麻感但沒有花椒這麼強烈，能賦予食物獨特隱味。

日式香料

山椒蒲燒鯛蛋卷

香料 山椒粉2.5公克

材料 蒲燒鯛120公克、雞蛋5顆、水80毫升、葵花油適量

調味料 柴魚粉5公克、鹽適量

作法

1. 蒲燒鯛切成條狀。
2. 雞蛋打入碗中，加鹽、柴魚粉、水拌勻，再加入山椒粉拌勻。
3. 準備熱鍋，用紙巾在平底鍋抹上薄薄一層油，倒入蛋液，讓蛋液慢慢熟。
4. 放上鯛魚條，慢慢往中心翻動至蛋液用完，成長條蛋卷，切成塊狀即可。

point/

蒲燒鯛魚也可換成蒲燒鰻魚。

香料索引－依名稱分類

INDEX

料理索引—依食材分類

蔬菜類

肉類

海鮮類

INDEX

餐桌上的
香料百科

2023
暢銷
增訂版

國家圖書館出版品預行編目(CIP)資料

餐桌上的香料百科／好吃研究室編著. -- 三版. -- 臺北市：城邦文化事業股份有限公司麥浩斯出版：英屬蓋曼群島商家庭傳媒股份有限公司城邦分公司發行, 2023.03
面； 公分
ISBN 978-986-408-904-8(平裝)

1.CST: 香料 2.CST: 調味品

427.61 112001911

編著 好吃研究室
編輯統籌 馮忠恬
香料顧問 林勃攸、郭泰王、熊懌騰
特約編輯 劉文宜（歐美、南洋香料介紹）
蘇逸（中東、台式、日式香料介紹）
特約撰稿 歐陽如修（南洋料理飲食生活篇）
涂郁（歐美料理飲食生活篇）
美術設計 瑞比特設計、黃祺芸
封面設計 黃祺芸
攝影 hand in hand璞真奕睿影像工作室

社長 張淑貞
總編輯 許貝羚
行銷企劃 洪雅珊、呂玠蓉

發行人 何飛鵬
事業群總經理 李淑霞
出版 城邦文化事業股份有限公司 麥浩斯出版
地址 104台北市民生東路二段141號8樓
電話 02-2500-7578
傳真 02-2500-1915
購書專線 0800-020-299

發行：英屬蓋曼群島商家庭傳媒股份有限公司城邦分公司｜地址：104台北市民生東路二段141號2樓｜電話：02-2500-0888｜讀者服務電話：0800-020-299（9:30AM~12:00PM；01:30PM~05:00PM）｜讀者服務傳真：02-2517-0999｜讀者服務信箱：csc@cite.com.tw｜劃撥帳號：9833516｜戶名：英屬蓋曼群島商家庭傳媒股份有限公司城邦分公司｜香港發行：城邦〈香港〉出版集團有限公司｜地址：香港灣仔駱克道193號東超商業中心1樓｜電話：852-2508-6231｜傳真：852-2578-9337｜Email：hkcite@biznetvigator.com｜馬新發行：城邦（馬新）出版集團 Cite (M) Sdn Bhd｜地址：41, Jalan Radin Anum, Bandar Baru Sri Petaling, 57000 Kuala Lumpur, Malaysia.｜電話：603-9056-3833｜傳真：603-9057-6622｜Email：services@cite.my｜製版印刷：凱林印刷事業股份有限公司｜總經銷：聯合發行股份有限公司｜地址：新北市新店區寶橋路235巷6弄6號2樓｜電話：02-2917-8022｜傳真：02-2915-6275｜版次：三版一刷 2023 年 3 月｜定價：新台幣 620 元／港幣 207 元｜Printed in Taiwan